SolidWorks 2022

中文版基础教程

赵罘 杨晓晋 赵楠
编著

人民邮电出版社

北 京

图书在版编目（ＣＩＰ）数据

SolidWorks 2022中文版基础教程 / 赵罘, 杨晓晋,
赵楠编著. -- 北京 : 人民邮电出版社, 2022.2
ISBN 978-7-115-57257-8

Ⅰ. ①S… Ⅱ. ①赵… ②杨… ③赵… Ⅲ. ①计算机
辅助设计—应用软件—教材 Ⅳ. ①TP391.72

中国版本图书馆CIP数据核字(2021)第177284号

内 容 提 要

SolidWorks 是一套专门基于 Windows 操作系统开发的三维 CAD 软件，该软件以参数化特征造型为基础，具有功能强大、易学易用等特点。

本书系统地介绍了 SolidWorks 2022 中文版在草图绘制、三维建模、装配体设计、工程图制作和动画制作等方面的功能。各章除介绍软件的基础知识之外，还利用课堂练习介绍具体的操作步骤，引领读者一步步完成模型的创建，使读者能够快速而深入地理解 SolidWorks 2022 中一些抽象的概念和功能。

本书可作为广大工程技术人员的 SolidWorks 自学教程和参考书，也可作为各类院校计算机辅助设计课程的参考用书。本书所附电子资源包含书中的模型文件、操作过程的视频文件和每章的 PPT 演示文件。

◆ 编　著　赵　罘　杨晓晋　赵　楠
　　责任编辑　颜景燕
　　责任印制　王　郁　彭志环

◆ 人民邮电出版社出版发行　　北京市丰台区成寿寺路 11 号
　　邮编　100164　电子邮件　315@ptpress.com.cn
　　网址　https://www.ptpress.com.cn
　　三河市君旺印务有限公司印刷

◆ 开本：787×1092　1/16
　　印张：14.5　　　　　2022 年 2 月第 1 版
　　字数：407 千字　　　2025 年 1 月河北第 17 次印刷

定价：69.90 元

读者服务热线：(010)81055410　印装质量热线：(010)81055316
反盗版热线：(010)81055315
广告经营许可证：京东市监广登字 20170147 号

前言 PREFACE

本书特点

SolidWorks 是一套基于 Windows 操作系统开发的三维 CAD 软件，它有一套完整的 3D MCAD 产品设计解决方案，即在一个软件包中为产品设计团队提供所有必要的机械设计、验证、运动模拟、数据管理和交流工具。该软件以参数化特征造型为基础，具有功能强大、易学易用等特点，是当前非常优秀的三维 CAD 软件之一。

本书重点介绍 SolidWorks 2022 的各种基本功能和操作方法。第 3 ~ 10 章的开始部分介绍各章学习的基本内容；中间部分介绍各知识点的使用方法；接下来的部分是课堂练习，以一个典型的零件的建模过程对本章的知识进行应用；最后部分是本章小结和课后习题。

主要内容

本书采用通俗易懂、由浅入深的方法讲解 SolidWorks 2022 的基本内容和操作步骤，各章节既相对独立又前后关联。本书解说翔实，图文并茂，读者在学习的过程中可以结合软件，从头到尾循序渐进地学习。

本书主要内容如下。

（1）SolidWorks 软件简介：包括基本功能、操作方法和常用模块的介绍。

（2）草图绘制：讲解草图的绘制和修改方法。

（3）三维基本特征：讲解基于草图的三维特征建模命令。

（4）三维高级特征：讲解基于实体的三维特征建模命令。

（5）钣金设计：讲解钣金的建模步骤。

（6）焊件设计：讲解焊件的建模步骤。

（7）装配体设计：讲解装配体的具体设计方法和步骤。

（8）工程图制作：讲解装配图和零件图的制作方法。

（9）动画制作：讲解动画制作的基本方法。

（10）图片渲染：讲解图片渲染的基本方法。

随书电子资源

本书随书赠送电子资源，包含全书课堂练习所用的模型文件，课堂练习操作过程的视频讲解文件，每章涉及的知识要点、供教学使用的 PPT 文件，课后习题的参考答案以及操作过程的视频讲解文件。

为了方便读者学习，本书以二维码的形式提供了范例和课后练习的视频教程。扫描"云课"二维码，即可播放视频。点击"参与课程"后，就可以将该课程收藏到"我的课程"中，随时观看复盘。

云课

读者可关注"职场研究社"公众号，回复"57257"获取所有配套资源的下载链接；登录"异步社区"官网（www.epubit.com），搜索关键词"57257"，也可以下载配套资源。

此外，还可以加入福利 QQ 群【1015838604】，额外获取九大学习资源库。

本书适合 SolidWorks 的初、中级用户使用，可以作为高等院校理工科相关专业的学生用书和 CAD 专业课程实训教材、技术培训教材，也可作为工业企业的产品开发和技术部门人员自学用书。

本书在编写过程中得到了国内 SolidWorks 代理商的技术支持，DS SOLIDWORKS 公司亚太区技术总监胡其登先生对本书提出了许多建设性的意见，并提供了技术资料，借此机会对他们的帮助表示衷心的感谢。另外，感谢龚堰珏、陶春生、张艳婷、刘玢、刘良宝、张娜、刘玲玲、李梓猇对编写工作的协助，人民邮电出版社的编辑对本书的出版也给予了积极的支持，并付出了辛勤的劳动，在此一并致谢。

编者力求展现给读者尽可能多的 SolidWorks 强大功能，希望本书对读者学习有所帮助。由于编者水平所限，难免有疏漏之处，欢迎广大读者批评指正，来信请发往 yanjingyan@ptpress.com.cn。

编　者

2021 年 6 月 20 日

目 录 CONTENTS

第6章 焊件设计 117

第7章 装配体设计 137

第8章 工程图制作 153

第 **1** 章

SolidWorks 软件简介

学习目标

知识点

◇ 了解软件的背景资料。

◇ 掌握软件的基本操作方法。

◇ 了解常用工具命令。

◇ 掌握软件的环境设置方法。

技能点

◇ 掌握软件的基本操作。

◇ 熟悉鼠标使用方法。

1.1 SolidWorks 概述

1.1.1 软件背景

20 世纪 90 年代初，国际微型计算机（简称微机）市场发生了根本性的变化，微机性能大幅提高，而价格一路下滑，微机卓越的性能足以运行三维 CAD 软件。为了开发世界空白的基于微机平台的三维 CAD 系统，1993 年 PTC 公司的技术副总裁与 CV 公司的副总裁成立 SolidWorks 公司，并于 1995 年成功推出了 SolidWorks 软件。在 SolidWorks 软件的促动下，从 1998 年开始，国内外也陆续推出了相关软件；原来运行在 UNIX 操作系统的工作站 CAD 软件，也从 1999 年开始，将其程序移植到 Windows 操作系统中。目前，SolidWorks 在机械制图和结构设计领域已经成为三维 CAD 设计的主流软件。利用 SolidWorks，设计师和工程师们可以更有效地为产品建模并模拟整个工程系统，加速产品的设计和缩短生产周期，从而制造出更加富有创意的产品。

1.1.2 软件主要特点

SolidWorks 是一款参变量式 CAD 设计软件。所谓参变量式设计，是指将零件尺寸的设计用参数描述，并在设计修改的过程中通过修改参数的数值改变零件的外形。

SolidWorks 在 3D 设计中的特点有以下几方面。

◆ SolidWorks 提供了一套完整的动态界面和鼠标拖动控制操作。

◆ 用 SolidWorks 资源管理器可以方便地管理 CAD 文件。

◆ 配置管理是 SolidWorks 软件体系结构中非常独特的一部分，它涉及零件设计、装配设计和工程图设计。

◆ 通过 eDrawings 可以方便地共享 CAD 文件。

◆ 从三维模型中自动产生工程图，包括视图、尺寸和标注。

◆ 钣金设计工具：可以使用折叠、折弯、法兰、切口、斜接法兰、绘制的折弯、褶边等工具从头创建钣金零件。

◆ 焊件设计：绘制框架的布局草图，并选择焊件轮廓，SolidWorks 将自动生成 3D 焊件设计。

◆ 装配体建模：当创建装配体时，可以通过选取各个表面、边线、曲线和顶点来配合零部件；创建零部件间的机械关系；进行干涉、碰撞和孔对齐检查。

◆ 仿真装配体运动：只需单击和拖动零部件，即可检查装配体运动情况是否正常，以及是否存在碰撞。

◆ 材料明细表：可以基于设计自动生成完整的材料明细表（Bill Of Materials，BOM），从而节约大量的时间。

◆ 照片级渲染：使用 PhotoView 360 来演示或虚拟 SolidWorks 3D 模型并进行材质研究。

1.1.3 启动 SolidWorks

启动 SolidWorks 2022 有如下两种方式[①]。

（1）双击桌面的快捷方式图标。

（2）选择【开始】|【所有程序】|【SolidWorks 2022】命令。

---

① 注：在操作 SolidWorks 软件时，如果输入具体数值，一般默认无须输入单位符号。为避免读者误解，本书输入的内容与实际操作保持一致。

启动后的 SolidWorks 2022 界面如图 1-1 所示。

图 1-1 SolidWorks 2022 启动界面

1.1.4 界面功能介绍

SolidWorks 2022 操作界面包括菜单栏、工具栏、任务窗格、特征管理器设计树、版本提示及状态栏。菜单栏包含了所有命令，工具栏可根据文件类型（零件、装配体、工程图）来调整、放置并设定其显示状态，而 SolidWorks 2022 操作界面底部的状态栏则可以提供设计人员正在执行的有关功能的信息，如图 1-2 所示。

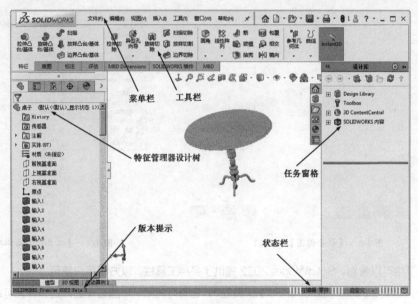

图 1-2 操作界面

1. 菜单栏

菜单栏显示在界面的最上方，如图 1-3 所示，其中最关键的功能集中在【插入】与【工具】菜单中。

图 1-3 菜单栏

对应于不同的工作环境，SolidWorks 中相应的菜单及其中的命令会有所不同。当进行一定的任务操作时，不起作用的菜单命令会临时变灰，此时将无法应用该菜单命令。以【窗口】菜单为例，选择【窗口】|【视口】|【四视图】命令，如图 1-4 所示，此时视图切换为四视口视图，如图 1-5 所示。

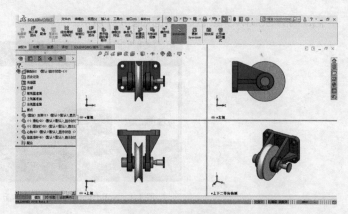

图 1-4　多视口选择　　　　　　　　　　　　图 1-5　四视口视图

2.　工具栏

SolidWorks 2022 工具栏是常用建模工具的集合。【前导视图】工具栏以固定工具栏的形式显示在绘图区域的正中上方，如图 1-6 所示。

（1）自定义工具栏的启用方法：选择菜单栏中的【视图】|【工具栏】命令，或者在【视图】工具栏中右击，将显示【工具栏】菜单项，如图 1-7 所示。

图 1-6　【前导视图】工具栏　　　　　　　　　图 1-7　【工具栏】菜单项

从图 1-7 中可以看到，SolidWorks 2022 提供了多种工具栏，以方便用户使用。

打开某个工具栏（例如【参考几何体】工具栏），它有可能默认排放在主窗口的边缘，可以拖动它到图形区域中成为浮动工具栏，如图 1-8 所示。

在使用工具栏或是工具栏中的工具时，当鼠标指针移动到工具栏中的按钮附近时，会弹出一个提示窗口显示该工具的名称及相应的功能，如图 1-9 所示。显示一段时间后，该内容提示会自动消失。

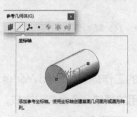

图 1-8　【参考几何体】工具栏　　　　　　　　图 1-9　消息提示

（2）【Command Manager】（命令管理器）是一个上下文相关工具栏，它可以根据要使用的工具栏进行动态更新。默认情况下，它根据文档类型嵌入相应的工具栏，如图1-10所示。

图 1-10 【Command Manager】工具栏

3. 状态栏

状态栏位于图形区域底部，提供关于当前窗口中正在编辑的内容的状态，以及鼠标指针位置坐标、草图状态等信息内容，如图1-11所示。

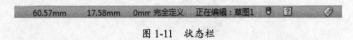

图 1-11 状态栏

状态栏中典型的信息如下。

◆ 🔲【重建模型】：在更改了草图或零件而需要重建模型时，重建模型图标会显示在状态栏中。

◆ 草图状态：在编辑草图过程中，状态栏会出现完全定义、过定义、欠定义、没有找到解、发现无效的解5种状态。

◆ 🔲【快速提示帮助】：它会根据SolidWorks的当前模式给出提示和选项，很方便快捷，对初学者来说很有用。

4. 管理区域

文件窗口的左侧为 SolidWorks 文件的管理区域，也称为左侧区域，如图1-12所示。

图 1-12 管理区域

管理区域包括🖐特征管理器（Feature Manager）设计树、🔳属性管理器（Property Manager）、📇配置管理器（Configuration Manager）、⊕标注专家管理器（DimXpert Manager）和🎨外观管理器（Display Manager）。

单击管理区域窗口顶部的按钮，可以在应用程序之间进行切换，单击管理区域右侧的箭头 》，可以展开【显示窗格】，如图1-13所示。

5. 确认角落

确认角落位于视图窗口的右上角，如图1-14所示。利用确认角落可以确认或取消相应的草图绘制和特征操作。

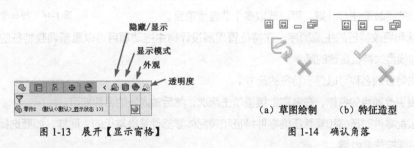

图 1-13 展开【显示窗格】　　　　图 1-14 确认角落

◆ 当进行草图绘制时，可以单击确认角落里的🖐【退出草图】按钮来结束并确认草图绘制，也可以单击✖【删除草图】按钮来放弃草图的更改。

◆ 当进行特征造型时，可以单击确认角落里的✔【退出草图】按钮来结束并确认特征造型，也可

以单击 ✖【删除草图】按钮来放弃特征造型操作。

6. 任务窗格

图形区域右侧的任务窗格是与管理 SolidWorks 文件有关的一个工作窗口，如图 1-15 所示，任务窗格带有 SolidWorks 资源、设计库和文件探索器等标签。通过任务窗格，用户可以查找和使用 SolidWorks 文件。

图 1-15　任务窗格

1.1.5　特征管理器设计树

特征管理器（Feature Manager）设计树位于 SolidWorks 窗口的左侧，是 SolidWorks 中比较常用的部分，如图 1-16 所示。它提供了激活的零件、装配体或工程图的大纲视图，从而可以很方便地查看模型或装配体的构造情况，或者查看工程图中的不同图纸和视图。

特征管理器设计树用来组织和记录模型中的各个要素及要素之间的参数信息和相互关系，以及模型、特征和零件之间的约束关系等，几乎包含了所有设计信息。

特征管理器设计树的功能主要有以下几种。

（1）通过名称来选择模型中的项目：可以通过在模型中选择名称来选择特征、草图、基准面及基准轴。SolidWorks 在这一项中很多功能与 Windows 操作界面类似，如在选择的同时按住 Shift 键，可以选取多个连续项目；在选择的同时按住 Ctrl 键，可以选取多个非连续项目。

图 1-16　特征管理器设计树

（2）确认和更改特征的生成顺序：在特征管理器设计树中拖动项目可以重新调整特征的生成顺序，这将更改重建模型时特征重建的顺序。

（3）双击特征的名称可以显示特征的尺寸。

（4）如要更改项目的名称，在名称上缓慢单击两次，然后输入新的名称即可。

（5）在装配零件时压缩和解除压缩零件特征和装配体零部件是很常见的。同样，如要选择多个特征，请在选择的时候按住 Ctrl 键。

（6）右击清单中的特征，然后选择父子关系，可以查看父子关系。

（7）右击特征管理器设计树，还可显示如下项目：特征说明、零部件说明、零部件配置名称、零部件配置说明等。

（8）可以将文件夹添加到特征管理器设计树中。

1.2 SolidWorks 的文件操作

SolidWorks 的文件操作涉及两部分，分别为新建文件与打开文件。

1.2.1 新建文件

在 SolidWorks 的主窗口中单击窗口左上角的 ☐【新建】按钮，或者选择菜单栏中的【文件】|【新建】命令，即可弹出图 1-17 所示的【新建 SOLIDWORKS 文件】对话框，在该对话框中单击 ☒【零件】按钮，即可得到 SolidWorks 2022 典型用户界面。

◆ ☒【零件】：双击该按钮，可以生成单一的三维零部件文件。

◆ ☒【装配体】：双击该按钮，可以生成零件或其他装配体的排列文件。

◆ ☒【工程图】：双击该按钮，可以生成零件或装配体的二维工程图文件。

单击【高级】按钮，此时的【新建 SOLIDWORKS 文件】对话框如图 1-18 所示。

SolidWorks 软件可分为零件、装配体及工程图 3 个模块，针对不同的功能模块，其文件类型各不相同。如果准备编辑零件文件，在【新建 SOLIDWORKS 文件】对话框中单击 ☒【零件】按钮，再单击【确定】按钮，即可打开一个空白的零件图文件，后续存盘时，系统默认的扩展名为列表中的 .sldprt。

图 1-17 【新建 SOLIDWORKS 文件】对话框（1）

图 1-18 【新建 SOLIDWORKS 文件】对话框（2）

1.2.2 打开文件

单击【新建 SOLIDWORKS 文件】对话框中的 ☒【零件】按钮，可以打开一个空白的零件图文件，或者单击【标准】工具栏中的【打开】按钮，打开已经存在的文件，并对其进行编辑操作，如图 1-19 所示。

在【打开】对话框里，系统会默认选择前一次读取的文件格式。如果想要打开不同格式的文件，打开【文件类型】下拉列表框，然后选取适当的文件类型即可。

对于 SolidWorks 软件可以读取的文件格式及允许的数据转换方式，综合归类如下。

◆ SolidWorks 零件文件，扩展名为 .prt 或 .sldprt。

◆ SolidWorks 组合件文件，扩展名为 .asm 或 .sldasm。

◆ SolidWorks 工程图文件，扩展名为 .drw 或 .slddrw。

◆ DXF文件，AutoCAD格式，包括DXF3D文件，扩展名为.dxf。

◆ DWG文件，AutoCAD格式，扩展名为.dwg。

◆ Adobe Illustrator文件，扩展名为.ai。此格式可以输入零件文件，但不能输入装配体草图。

◆ Lib Feat Part文件，扩展名为.lfp或.sldlfp。

◆ IGES文件，扩展名为.igs。可以输入IGES文件中的3D曲面作为SolidWorks 3D草图实体。

◆ STEP AP 203/214文件，扩展名为.step及.stp。SolidWorks支持STEP AP 214文件的实体、面及曲线颜色转换。

◆ ACIS文件，扩展名为.sat。

◆ VDAFS文件，扩展名为.vda。VDAFS是曲面几何交换的中间文件格式，VDAFS零件文件可转换为SolidWorks零件文件。

图 1-19 【打开】对话框

◆ VRML文件，扩展名为.wrl。VRML文件可在Internet上显示3D图像。

◆ Parasolid文件，扩展名为.x_t、.x_b、.xmt_txt或.xmt_bin。

◆ Pro/ENGINEER文件，扩展名为.prt、.xpr、.asm或.xas。

◆ UnigraphicsII文件，扩展名为.prt。SolidWorks支持UnigraphicsII 10及以上版本输入零件和装配体。

1.3 常用工具命令

常用工具命令分布在5种工具栏中，分别为标准工具栏、特征工具栏、草图工具栏、装配体工具栏以及工程图工具栏。

1.3.1 标准工具栏

【标准】工具栏位于主窗口正上方，如图1-20所示。

图 1-20 【标准】工具栏

各按钮含义如下所述。

◆ 【新建】：打开【新建SOLIDWORKS文件】对话框，从而建立一个空白图文件。

◆ 【打开】：打开【打开】对话框，可打开磁盘驱动器中已有的图文件。

◆ 【保存】：将目前编辑中的工作视图按原先读取的文件名称存盘，如果工作视图是新建的文件，则系统会自动启动另存新文件功能。

◆ 【打印】：将指定范围内的图文资料送往打印机或绘图机，执行打印出图命令或打印到文件命令。

◆ 【撤销】：撤销本次或者上次的操作，返回执行该项命令前的状态，可重复返回多次。

◆ 【选择】：进入选取像素对象的模式。

◆ 【重建模型】：使系统依照图文数据库里最新的图文资料更新屏幕上显示的模型图形。

◆ 圃【文件属性】：显示激活文档的摘要信息。

◆ ⚙【选项】：更改 SolidWorks 选项设定。

1.3.2 特征工具栏

在 SolidWorks 2022 中，【特征】工具栏直接显示在主窗口的上方，以选项卡的方式存在，如图 1-21 所示。

图 1-21 【特征】工具栏

也可以选择菜单栏中的【视图】|【工具栏】|【特征】命令，【特征】工具栏将悬浮在主窗口上，如图 1-22 所示。

图 1-22 悬浮【特征】工具栏

各按钮含义如下所述。

◆ 圇【拉伸凸台/基体】：从一个或两个方向拉伸草图或绘制的草图轮廓以生成一个实体。

◆ 圆【旋转凸台/基体】：将用户选取的草图轮廓图形绕着用户指定的旋转中心轴旋转生成 3D 模型。

◆ 🖉【扫描】：沿开环或闭合路径扫描轮廓来生成实体模型。

◆ 昌【放样凸台/基体】：在两个或多个轮廓之间添加材质来生成实体特征。

◆ 圇【边界凸台/基体】：从两个方向往轮廓间添加材料以生成实体特征。

◆ 圇【拉伸切除】：将工作图文件里原先的 3D 模型抠除草图轮廓图形，并绕着指定的旋转中心轴成长为 3D 模型，保留残余剩下的 3D 模型区域。

◆ 圆【旋转切除】：通过绕轴心旋转绘制的轮廓来切除实体模型。

◆ 圆【扫描切除】：通过沿开环或闭合路径扫描轮廓来切除实体模型。

◆ 圆【放样切割】：在两个或多个轮廓之间通过移除材质来切除实体模型。

◆ 圇【边界切除】：通过从两个方向在轮廓之间移除材料来切除实体模型。

◆ 圇【圆角】：沿实体或曲面特征中的一条或多条边线生成圆形内部或外部面。

◆ 圆【倒角】：沿边线、切边或顶点生成一倾斜的边线。

◆ 圆【筋】：将工作图文件里的 3D 模型按照用户指定的断面图形，加入一个加强肋特征。

◆ 圖【拔模】：为工作图文件里 3D 模型的某个曲面或平面加入拔模倾斜面。

◆ 圇【抽壳】：为工作图文件里的 3D 实体模型加入平均厚度薄壳特征。

◆ 圎【异型孔向导】：利用预先定义的剖面插入孔。

◆ 陷【线性阵列】：为一个或两个线性方向阵列特征、面及实体等。

◆ 圆【圆周阵列】：绕轴心阵列特征、面及实体等。

◆ 圇【包覆】：将草图轮廓闭合到面上。

◆ 圇【圆顶】：添加一个或多个圆顶到所选平面或非平面。

◆ 圆【镜向】：绕面或者基准面镜像特征、面及实体等。

◆ 【参考几何体】：单击·按钮可以弹出【参考几何体】组，如图1-23所示。再根据需要选择不同的基准，然后在设定的基准上插入草图来编辑或更改零件图。

◆ 【曲线】：单击·按钮可以弹出【曲线】组，如图1-24所示。

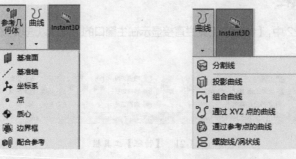

图 1-23 【参考几何体】组　　　　　图 1-24 【曲线】组

◆ 【Instant3D】：启用拖动控标、尺寸及草图来动态修改特征。

1.3.3 草图工具栏

和【特征】工具栏一样，【草图】工具栏也有两种形式，如图1-25所示。

图 1-25 【草图】工具栏的两种形式

常用按钮含义如下。

◆ 【草图绘制】：可以在任何默认基准面或自己设定的基准上生成草图。

◆ 【3D草图】：在工作基准面上或在3D空间的任意一点生成3D草图实体。

◆ 【智能尺寸】：为一个或多个所选实体生成尺寸。

◆ 【直线】：依序指定线段图形的起点及终点位置后，可在工作图文件里生成一条直线。

◆ 【边角矩形】：依序指定矩形图形的两个对角点位置后，可在工作图文件里生成一个矩形。

◆ 【圆】：指定圆形的圆心点位置后，拖动鼠标指针，可在工作图文件里生成一个圆形。

◆ 【圆心/起/终点圆弧】：依序指定圆弧的圆心点、半径、起点及终点位置后，可在工作图文件里生成一个圆弧。

◆ 【多边形】：生成边数在3和40之间的等边多边形，可在绘制多边形后更改边数。

◆ 【样条曲线】：依序指定曲线图形的每个"经过点"位置后，可在工作图文件里生成一条不规则曲线。

◆ 【绘制圆角】：在交叉点对两个草图实体之角切圆，从而生成切线弧。

◆ 【点】：将鼠标指针移到屏幕绘图区里所需的位置后单击，即可在工作图文件里生成一个星点。

◆ 【基准面】：插入基准面到3D草图。

◆ 【文字】：在面、边线及草图实体上绘制文字。

◆ ✂【剪裁实体】：剪裁一直线、圆弧、椭圆、圆、样条曲线或中心线，直到它与另一直线、圆弧、圆、椭圆、样条曲线或中心线的相交处。

◆ ⬡【转换实体引用】：将模型中的所选边线转换为草图实体。

◆ ⬡【等距实体】：通过一定距离等距、边线、曲线或草图实体来添加草图实体。

◆ ⬧【镜向实体】：将工作窗口里被选取的2D像素对称于某个中心线草图图形，进行镜像的操作，生成草图实体。

◆ ⬡【线性草图阵列】：使用需要阵列的草图实体中的单元或模型边线生成线性草图阵列。

◆ ⬡【移动实体】：移动一个或多个草图实体。

◆ ⬡【显示/删除几何关系】：在草图实体之间添加重合、相切、同轴、水平、竖直等几何关系，亦可删除这些几何关系。

◆ ⬡【修复草图】：能够找出草图错误，有些情况下还可以修复这些错误。

1.3.4 装配体工具栏

【装配体】工具栏可用于零部件的管理、移动及配合，如图1-26所示。

常用按钮含义如下。

◆ ⬡【插入零部件】：用来插入零部件、现有零件或装配体。

◆ ⬡【配合】：指定装配中任意两个或多个零件的配合。

◆ ⬡【线性零部件阵列】：从一个或两个方向在装配体中生成零部件线性阵列。

◆ ⬡【智能扣件】：将自动给装配体添加扣件（螺栓和螺钉）。

◆ ⬡【移动零部件】：拖动零部件以设定的自由度移动。

◆ ⬡【显示隐藏的零部件】：切换零部件的隐藏和显示状态，并随后在图形区域中选择隐藏的零部件以使其显示。

◆ ⬡【装配体特征】：生成各种装配体特征，如图1-27所示。

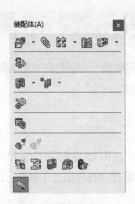

图1-26 【装配体】工具栏

图1-27 装配体特征

◆ ⬡【新建运动算例】：新建一个装配体模型运动的图形模拟。

◆ ⬡【材料明细表】：新建一个材料明细表。

◆ ⬡【爆炸视图】：生成和编辑装配体的爆炸视图。

◆ ⬡【干涉检查】：检查装配体中是否有干涉的情况。

◆ ⬡【间隙验证】：检查装配体中所选零部件之间的间隙。

- ◆ 【孔对齐】：检查装配体中是否存在未对齐的孔。
- ◆ 【装配体直观】：按自定义属性直观显示装配体零部件。
- ◆ 【性能评估】：分析装配体的性能，并会建议采取一些可行的操作来改进性能。当操作大型、复杂的装配体时，这种做法会很有用。

1.3.5　工程图工具栏

【工程图】工具栏如图 1-28 所示。

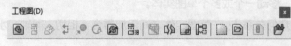

图 1-28　【工程图】工具栏

常用按钮含义如下所述。

- ◆ 【模型视图】：将模型视图插入工程图文件中。
- ◆ 【投影视图】：往任何正交视图插入投影的视图。
- ◆ 【辅助视图】：类似于投影视图，不同的是，它可以垂直于现有视图中的参考边线来展开视图。
- ◆ 【剖面视图】：用一条剖切线来分割父视图，在工程图中生成一个剖面视图。
- ◆ 【局部视图】：显示一个视图的某个部分（通常是以放大比例显示）。
- ◆ 【标准三视图】：为所显示的零件或装配体生成 3 个相关的默认正交视图。
- ◆ 【断开的剖视图】：通过在工程视图上绘制一轮廓来生成断开的剖视图。
- ◆ 【断裂视图】：用较大比例将工程图视图显示在较小的工程图纸上。
- ◆ 【剪裁视图】：通过隐藏除了所定义区域之外的所有内容来集中于工程图视图的某部分。
- ◆ 【交替位置视图】：通过在不同位置进行显示来表示装配体零部件的运动范围。

1.4　操作环境设置

SolidWorks 的功能十分强大，但是它的所有功能不可能都一一罗列在界面上供用户调用，这就需要在特定的情况下，通过调整操作设置来满足用户设计的需求。

1.4.1　工具栏的设置

工具栏里包含了所有菜单命令的快捷方式，使用工具栏可以大大提高 SolidWorks 的使用效率。合理利用自定义工具栏设置，既可以使操作方便快捷，又不会使操作界面过于复杂。SolidWorks 的一大特色就是提供了可以自己定义的工具栏按钮。

1.4.2　鼠标常用方法

鼠标在 SolidWorks 软件中的应用频率非常高，可以用其实现平移、缩放、旋转、绘制几何图和创建特征等操作。基于 SolidWorks 的特点，建议读者使用三键滚轮鼠标，在设计时可以有效地提高设计效率。表 1-1 列出了三键滚轮鼠标的使用方法。

表 1-1　三键滚轮鼠标的使用方法

鼠 标 按 键	作　　用	操 作 说 明
左键	用于选择菜单命令和实体对象工具按钮、绘制几何图等	直接单击
滚轮（中键）	放大或缩小	按 Shift+ 中键并上下移动鼠标指针，可以放大或缩小视图；直接滚动滚轮，同样可以放大或缩小视图
	平移	按 Ctrl+ 中键并移动鼠标指针，可将模型按鼠标指针移动的方向平移
	旋转	按住鼠标中键不放并移动鼠标指针，即可旋转模型
右键	弹出快捷菜单	直接右击

本章小结

（1）SolidWorks 软件是基于 Windows 操作系统开发的，因此许多操作非常类似于 Word 软件。

（2）常用的特征命令在快捷工具栏中，所有的特征命令在菜单栏中。

（3）鼠标的左键功能是选择，右键功能是启动快捷菜单，中键功能是旋转、缩放和移动模型。

第 **2** 章

草图绘制

学习目标

知识点

◇ 理解进入草图和退出草图的操作。

◇ 掌握草图绘制的基本命令。

◇ 掌握草图的编辑方法。

◇ 掌握利用尺寸标注对草图进行约束的方法。

◇ 掌握利用几何关系对草图进行约束的方法。

技能点

◇ 利用草图绘制和编辑的功能绘制二维草图。

◇ 利用尺寸标注和几何关系约束草图，使之成为完全定义草图。

2.1 基础知识

在使用草图绘制命令前，要了解草图绘制的基本概念，以更好地掌握草图绘制和草图编辑的方法。本节主要介绍绘制和编辑草图的基本操作，认识草图绘制工具栏，熟悉绘制草图时鼠标指针的显示状态。

2.1.1 进入草图绘制状态

草图必须绘制在平面上，这个平面既可以是基准面，也可以是三维模型上的平面。初始进入草图绘制状态时，系统默认有 3 个基准面：前视基准面、右视基准面和上视基准面，如图 2-1 所示。由于没有其他平面，因此零件的初始草图绘制是从系统默认的基准面开始的。

图 2-2 所示为常用的【草图】工具栏，工具栏中有绘制草图命令按钮、编辑草图命令按钮及其他草图命令按钮。

绘制草图时既可以先指定草图所在的平面，也可以先选择草图绘制实体，具体根据实际情况灵活运用。进入草图绘制状态的操作方法如下。

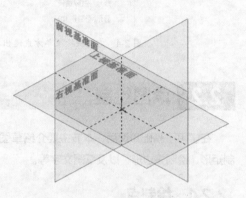

图 2-1 系统默认的基准面

图 2-2 【草图】工具栏

（1）在特征管理器设计树中选择草图要绘制在哪个基准面上，即前视基准面、右视基准面和上视基准面中的一个面。

（2）单击【标准视图】工具栏中的 ⊥【正视于】按钮，使基准面旋转到正视于绘图者的方向。

（3）单击【草图】工具栏上的 □【草图绘制】按钮，或者单击【草图】工具栏上要绘制的草图实体，进入草图绘制状态。

2.1.2 退出草图状态

零件是由多个特征组成的，有些特征需要由一个草图生成，有些需要由多个草图生成，如扫描实体、放样实体等。因此草图绘制后，即可立即建立特征，也可以退出草图绘制状态再绘制其他草图，然后再建立特征。退出草图绘制状态的方法主要有以下几种，下面将分别进行介绍，在实际使用中要灵活运用。

◆ 菜单方式。草图绘制好后，选择【插入】|【退出草图】菜单命令，如图 2-3 所示，退出草图绘制状态。

◆ 工具栏命令按钮方式。单击【草图】工具栏上的 □【退出草图】按钮，或者单击【标准】工具栏上的 ⊜【重建模型】按钮，退出草图绘制状态。

图 2-3 菜单方式退出草图绘制状态

15

◆ 右键快捷菜单方式。右击绘图区域，系统弹出图2-4所示的快捷菜单，在其中单击 【退出草图】按钮，退出草图绘制状态。

◆ 绘图区域退出按钮方式。在进入草图绘制状态的过程中，在绘图区域右上角会出现图2-5所示的草图提示按钮。单击 按钮，确认绘制的草图，并退出草图绘制状态。

图2-4 右键快捷菜单方式退出草图绘制状态   图2-5 草图提示按钮

2.2 草图绘制

在学习了基础知识后，本节主要介绍草图绘制命令，如绘制点、绘制直线、绘制圆、绘制圆弧、绘制矩形、绘制多边形，以及草图文字等。

2.2.1 绘制点

"点"在模型中只起参考作用，不影响三维建模的外形。选择【点】命令后，在绘图区域中的任何位置都可以绘制点。单击【草图】工具栏上的 【点】按钮，或选择【工具】|【草图绘制实体】|【点】命令，打开【点】属性管理器，如图2-6所示。

绘制点的操作方法

（1）新建零件文件，右击前视基准面，选择【草图绘制】命令。

（2）选择【工具】|【草图绘制实体】|【点】命令，或者单击【草图】工具栏上的 【点】按钮，鼠标指针变为 形状。

（3）单击绘图区域中需要绘制点的位置，确认绘制点的位置，此时绘制点命令仍然处于激活状态，可以继续绘制点。

（4）右击，弹出图2-7所示的快捷菜单，选择【选择】命令，或者单击【草图】工具栏上的 【退出草图】按钮，退出草图绘制状态。

图2-6 【点】属性管理器   图2-7 右键快捷菜单

2.2.2 绘制直线

单击【草图】工具栏上的 / 【直线】按钮，或选择【工具】|【草图绘制实体】|【直线】命令，打开【插入线条】属性管理器，如图 2-8 所示。

🖑 绘制直线的操作方法

（1）在草图绘制状态下，选择【工具】|【草图绘制实体】|【直线】命令，或者单击【草图】工具栏上的 / 【直线】按钮。

（2）在绘图区域单击以确定直线的起点 1，然后移动鼠标指针到图中其他的位置，再次单击以确定直线的终点 2，即可画出一个线段；移动鼠标指针到图中其他的位置，再次单击以确定直线的终点 3，又可画出一个线段，SolidWorks 一直处于绘制直线状态。

（3）按 Esc 键，退出直线的绘制。

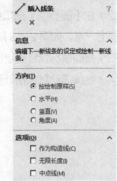

图 2-8　【插入线条】属性管理器

2.2.3 绘制圆

单击【草图】工具栏上的 ⊙ 【圆】按钮，或选择【工具】|【草图绘制实体】|【圆】命令，打开【圆】属性管理器，如图 2-9 所示。

🖑 绘制中心圆的操作方法

（1）在草图绘制状态下，选择【工具】|【草图绘制实体】|【圆】命令，或者单击【草图】工具栏上的 ⊙ 【圆】按钮，开始绘制圆。

（2）在【圆类型】选项组中，单击 ▓ 【绘制基于中心的圆】按钮，在绘图区域中合适的位置单击以确定圆心，如图 2-10 所示。

图 2-9　【圆】属性管理器

图 2-10　绘制圆心

（3）移动鼠标指针以拖出一个圆，然后单击鼠标，确定圆的半径，如图 2-11 所示。

（4）单击【圆】属性管理器中的 ✓ 【确定】按钮，完成圆的绘制，结果如图 2-12 所示。

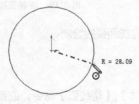

图 2-11　绘制圆的半径

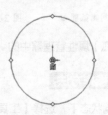

图 2-12　绘制的圆

👆 **绘制周边圆的操作方法**

（1）在草图绘制状态下，选择【工具】|【草图绘制实体】|【圆】命令，或者单击【草图】工具栏上的🅾【圆】按钮，开始绘制圆。

（2）在【圆类型】选项组中，单击🅾【绘制基于周边的圆】按钮，在绘图区域中合适的位置单击以确定圆上一点，如图 2-13 所示。

（3）拖动鼠标指针到绘图区域中合适的位置，单击以确定周边上的第二点，如图 2-14 所示。

（4）继续拖动鼠标指针到绘图区域中合适的位置，单击以确定周边上的第三点，如图 2-15 所示。

图 2-13　绘制周边圆上一点　　　图 2-14　绘制周边圆的第二点　　　图 2-15　绘制周边圆的第三点

（5）单击【圆】属性管理器中的 ✔【确定】按钮，完成圆的绘制。

2.2.4　绘制圆弧

单击【草图】工具栏上的 🔵【圆心 / 起 / 终点画弧】按钮，或单击 🔵【切线弧】按钮，或单击 🔵【三点圆弧】按钮，或选择【工具】|【草图绘制实体】|【圆心 / 起 / 终点画弧】、【切线弧】或【三点圆弧】命令，都可以打开【圆弧】属性管理器，如图 2-16 所示。

图 2-16　【圆弧】属性管理器

👆 **绘制圆心 / 起 / 终点画弧的操作方法**

（1）在草图绘制状态下，选择【工具】|【草图绘制实体】|【圆心 / 起 / 终点画弧】命令，或者单击【草图】工具栏上的 🔵【圆心 / 起 / 终点画弧】按钮，开始绘制圆弧。

（2）在绘图区域单击以确定圆弧的圆心，如图 2-17 所示。

（3）在绘图区域合适的位置单击以确定圆弧的起点，如图 2-18 所示。

（4）在绘图区域合适的位置单击以确定圆弧的终点，如图 2-19 所示。

图 2-17　绘制圆弧圆心　　　图 2-18　绘制圆弧起点　　　图 2-19　绘制圆弧终点

（5）单击【圆弧】属性管理器中的 ✔【确定】按钮，完成圆弧的绘制。

👆 **绘制切线弧的操作方法**

（1）在草图绘制状态下，选择【工具】|【草图绘制实体】|【切线弧】命令，或者单击【草图】工具栏上的 🔵【切线弧】按钮，开始绘制切线弧，此时鼠标指针变为 ➘形状。

（2）在已经存在的草图实体的端点处单击，本例选择图 2-20 所示的直线的右端为切线弧的起点。

（3）拖动鼠标指针到绘图区域中合适的位置，然后单击以确定切线弧的终点。

（4）单击【圆弧】属性管理器中的 ✓【确定】按钮，完成切线弧的绘制。

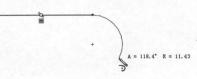

图 2-20　绘制切线弧

✋ 绘制三点圆弧的操作方法

（1）在草图绘制状态下，选择【工具】|【草图绘制实体】|【三点圆弧】命令，或者单击【草图】工具栏上的 ⌒【三点圆弧】按钮，开始绘制圆弧，此时鼠标指针变为 ✎ 形状。

（2）在绘图区域单击以确定圆弧的起点，如图 2-21 所示。

（3）拖动鼠标指针到绘图区域中合适的位置，单击以确认圆弧终点的位置，如图 2-22 所示。

（4）拖动鼠标指针到绘图区域中合适的位置，单击以确认圆弧中点的位置，如图 2-23 所示。

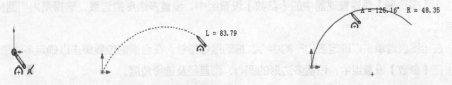

图 2-21　绘制圆弧的起点　　　　图 2-22　绘制圆弧的终点　　　　图 2-23　绘制圆弧的中点

（5）单击【圆弧】属性管理器中的 ✓【确定】按钮，完成三点圆弧的绘制。

2.2.5　绘制矩形

单击【草图】工具栏上的 ▭【矩形】按钮，或选择【工具】|【草图绘制实体】|【矩形】命令，打开【矩形】属性管理器，如图 2-24 所示。矩形类型有 5 种，分别是边角矩形、中心矩形、三点边角矩形、三点中心矩形和平行四边形。

✋ 绘制矩形的操作方法

（1）选择【工具】|【草图绘制实体】|【矩形】命令，或者单击【草图】工具栏上的 ▭【矩形】按钮，此时鼠标指针变为 ✎ 形状。

（2）在系统弹出的【矩形】属性管理器的【矩形类型】选项组中选择要绘制的矩形类型。

图 2-24　【矩形】属性管理器

（3）在绘图区域中单击以确定矩形的左下角端点，移动鼠标指针，再次单击以确定矩形右上角的端点。

（4）单击【矩形】属性管理器中的 ✓【确定】按钮，完成矩形的绘制。

2.2.6　绘制多边形

【多边形】命令用于绘制边的数量为 3 到 40 之间的等边多边形。单击【草图】工具栏上的 ⬡【多边形】按钮，或选择【工具】|【草图绘制实体】|【多边形】命令，打开【多边形】属性管理器，如图 2-25 所示。

✋ 绘制多边形的操作方法

（1）在草图绘制状态下，选择【工具】|【草图绘制实体】|【多边形】命令，或者单击【草图】工具

栏上的⊙【多边形】按钮，此时鼠标指针变为❯形状。

图 2-25　【多边形】属性管理器

（2）在【多边形】属性管理器中的【参数】设置组中，设置多边形的边数，选择是内切圆模式还是外接圆模式。

（3）在绘图区域单击以确定多边形的中心，拖动鼠标指针，在合适的位置单击以确定多边形的形状。

（4）在【参数】设置组中，设置多边形的圆心、圆直径及选择角度。

（5）单击【多边形】属性管理器中的✔【确定】按钮，完成多边形的绘制。

2.2.7　绘制草图文字

草图文字可以添加在任何连续曲线或边线组中，包括由直线、圆弧或样条曲线组成的圆或轮廓，可以对草图文字执行拉伸或者剪切操作。单击【草图】工具栏上的🄰【文字】按钮，或选择【工具】|【草图绘制实体】|【文字】命令，弹出图 2-26 所示的【草图文字】属性管理器。

👆 绘制草图文字的操作方法

（1）选择【工具】|【草图绘制实体】|【文字】命令，或者单击【草图】工具栏上的🄰【文字】按钮，此时鼠标指针变为❯形状，弹出【草图文字】属性管理器。

（2）在绘图区域中选择一条边线、曲线、草图或草图线段作为绘制文字草图的定位线，此时所选择的边线出现在【草图文字】属性管理器中的【曲线】选择框中。

（3）在【草图文字】属性管理器中的【文字】文本框中输入要添加的文字。此时，添加的文字出现在曲线上。

图 2-26　【草图文字】
属性管理器

（4）如果系统默认的字体不满足设计需要，取消勾选属性管理器中的【使用文档字体】选项，然后单击 字体(F)... 【字体】按钮，在弹出的【选择字体】对话框中设置字体的属性。

（5）设置好字体属性后，单击【选择字体】对话框中的【确定】按钮，然后单击【草图文字】属性管理器中的✔【确定】按钮，完成草图文字的绘制。

2.3　草图编辑

草图绘制完毕后，需要对草图进行编辑以满足设计的需要，本节介绍常用的草图编辑工具，如绘制圆角、绘制倒角、草图剪裁、草图延伸、镜像移动、线性阵列草图、圆周阵列草图、等距实体、转换实体引用等。

2.3.1 绘制圆角

选择【工具】|【草图工具】|【圆角】命令，或者单击【草图】工具栏上的⌐【绘制圆角】按钮，弹出图 2-27 所示的【绘制圆角】属性管理器。

图 2-27　【绘制圆角】属性管理器

👆 绘制圆角的操作方法

（1）在草图编辑状态下，选择【工具】|【草图工具】|【圆角】命令，或者单击【草图】工具栏上的⌐【绘制圆角】按钮，弹出【绘制圆角】属性管理器。

（2）在【绘制圆角】属性管理器中，设置圆角的半径、拐角处约束条件。

（3）单击以选择图 2-28 中的 5 个端点。

（4）单击【绘制圆角】属性管理器中的✓【确定】按钮，完成圆角的绘制。结果如图 2-29 所示。

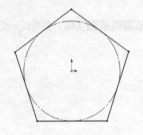

图 2-28　绘制前的草图

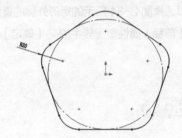

图 2-29　绘制后的草图

2.3.2 绘制倒角

【绘制倒角】命令是将倒角应用到相邻的草图实体中，此工具在 2D 和 3D 草图中均可使用。选择【工具】|【草图工具】|【倒角】命令，或者单击【草图】工具栏上的⌐【绘制倒角】按钮，弹出图 2-30 所示的"距离 – 距离"方式的【绘制倒角】属性管理器。

图 2-30　【绘制倒角】属性管理器

👆 绘制倒角的操作方法

（1）在草图编辑状态下，选择【工具】|【草图工具】|【倒角】命令，或者单击【草图】工具栏上的⌐【绘制倒角】按钮，此时弹出【绘制倒角】属性管理器。

（2）设置绘制倒角的方式，本小节采用系统默认的"距离 – 距离"倒角方式，在⚙【距离】文本框中输入【10.00mm】。

（3）单击以选择图 2-31 所示的右上角的两条边线。

（4）单击【绘制倒角】属性管理器中的✓【确定】按钮，完成倒角的绘制，结果如图 2-32 所示。

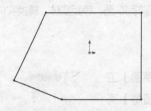

图 2-31　绘制倒角前的图形

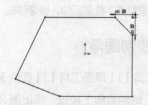

图 2-32　绘制倒角后的图形

2.3.3　剪裁草图实体

【剪裁】命令是比较常用的草图编辑命令，剪裁类型可以为 2D 草图及处于 3D 基准面上的 2D 草图。选择【工具】|【草图工具】|【剪裁】命令，或者单击【草图】工具栏上的 ✂ 【剪裁实体】按钮，系统弹出图 2-33 所示的【剪裁】属性管理器。

✋ 剪裁草图实体的操作方法

（1）在草图编辑状态下，选择【工具】|【草图工具】|【剪裁】命令，或者单击【草图】工具栏上的 ✂ 【剪裁实体】按钮，此时鼠标指针变为 ✂ 形状，弹出【剪裁】属性管理器。

（2）在【选项】组中，选择 ⊢ 【剪裁到最近端】。

（3）单击以选择图 2-34 所示的矩形外侧的直线段。

（4）单击【剪裁】属性管理器中的 ✓ 【确定】按钮，完成剪裁草图实体，如图 2-35 所示。

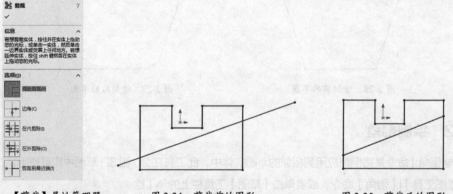

图 2-33　【剪裁】属性管理器　　　图 2-34　剪裁前的图形　　　图 2-35　剪裁后的图形

2.3.4　延伸草图实体

【延伸】命令可以将一草图实体延伸至另一个草图实体。选择【工具】|【草图工具】|【延伸】命令，或者单击【草图】工具栏上的 【延伸实体】按钮，执行【延伸】命令。

✋ 延伸草图实体的操作方法

（1）在草图编辑状态下，选择【工具】|【草图工具】|【延伸】命令，或者单击【草图】工具栏上的 【延伸实体】按钮，此时鼠标指针变为 形状。

（2）单击以选择图 2-36 所示的左侧水平直线，将其延伸，结果如图 2-37 所示。

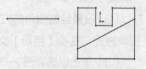

图 2-36　草图延伸前的图形

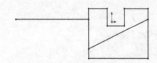

图 2-37　草图延伸后的图形

2.3.5　镜像草图实体

【镜向】命令适用于绘制对称的图形，镜像的对象为 2D 草图或在 3D 草图基准面上所生成的 2D 草图。选择【工具】|【草图工具】|【镜向】命令，或者单击【草图】工具栏上的 ⪫ 【镜向实体】按钮，【镜向】属性管理器如图 2-38 所示。

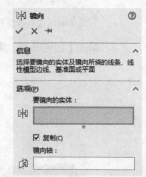

图 2-38　【镜向】属性管理器

🖐 镜像草图实体命令操作方法

（1）在草图编辑状态下，选择【工具】|【草图工具】|【镜向】命令，或者单击【草图】工具栏上的 ⪫ 【镜向实体】按钮，此时鼠标指针变为 ⚏ 形状，系统弹出【镜向】属性管理器。

（2）单击属性管理器中【要镜向的实体】一栏下面的选择框，其变为粉红色，然后在绘图区域中框选图 2-39 所示的竖直直线左侧的五边形，作为要镜像的原始草图。

（3）单击属性管理器中【镜向轴】一栏下面的选择框，使其变为粉红色，然后在绘图区域中选取图中的竖直直线，作为镜像轴。

（4）单击【镜向】属性管理器中的 ✔【确定】按钮，草图实体镜像完毕，结果如图 2-40 所示。

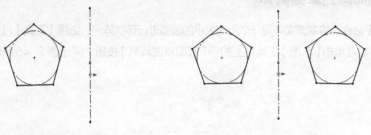

图 2-39　镜像前的图形　　　　　　　　图 2-40　镜像后的图形

2.3.6　线性阵列草图实体

【线性阵列】命令就是将草图实体沿一个或者两个轴复制生成多个排列图形。选择【工具】|【草图工具】|【线性阵列】命令，或者单击【草图】工具栏上的 ⬚⬚ 【线性草图阵列】按钮，系统弹出图 2-41 所示的【线性阵列】属性管理器。

🖐 线性阵列草图实体的操作方法

（1）在草图编辑状态下，选择【工具】|【草图工具】|【线性阵列】命令，或者单击【草图】工具栏上的 ⬚⬚ 【线性草图阵列】按钮，弹出【线性阵列】属性管理器。

（2）在【线性阵列】属性管理器中单击【要阵列的实体】一栏下面的选择框，选取图 2-42 所示的草图，其他设置如图 2-43 所示。

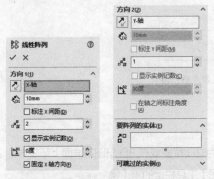

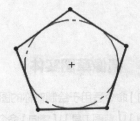

图 2-41　【线性阵列】属性管理器（1）

图 2-42　阵列草图实体前的图形

（3）单击【线性阵列】属性管理器中的 ✔【确定】按钮，结果如图 2-44 所示。

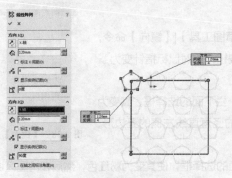

图 2-43　【线性阵列】属性管理器（2）

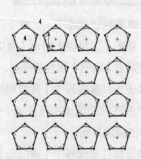

图 2-44　阵列草图实体后的图形

2.3.7　圆周阵列草图实体

【圆周阵列】命令是将草图实体沿一个指定大小的圆弧进行环状阵列。选择【工具】|【草图工具】|【圆周阵列】命令，或者单击【草图】工具栏上的 ✥【圆周草图阵列】按钮，弹出图 2-45 所示的【圆周阵列】属性管理器。

图 2-45　【圆周阵列】属性管理器

🖑 **圆周阵列草图实体的操作方法**

（1）在草图编辑状态下，选择【工具】|【草图工具】|【圆周阵列】命令，或者单击【草图】工具栏

上的 ❀【圆周草图阵列】按钮，此时弹出【圆周阵列】属性管理器。

（2）在【圆周阵列】属性管理器中单击【要阵列的实体】一栏下面的选择框，选取图 2-46 所示的圆弧外的齿轮外齿草图，在【参数】选项组的 ⊙【中心 X】、⊙【中心 Y】文本框中输入原点的坐标值，❀【实例数】文本框中输入【6】，⬚【间距】文本框中输入【360 度】。

（3）单击【圆周阵列】属性管理器中的 ✓【确定】按钮，结果如图 2-47 所示。

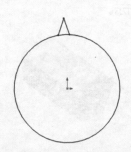

图 2-46　圆周阵列前的图形

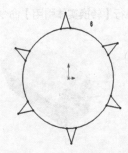

图 2-47　圆周阵列后的图形

2.3.8　等距实体

【等距实体】命令是按指定的距离等距创建一个或者多个草图实体、所选模型边线或模型面，例如样条曲线或圆弧、模型边线组、环之类的草图实体。选择【工具】|【草图工具】|【等距实体】命令，或者单击【草图】工具栏上的 ⊏【等距实体】按钮，弹出图 2-48 所示的【等距实体】属性管理器。

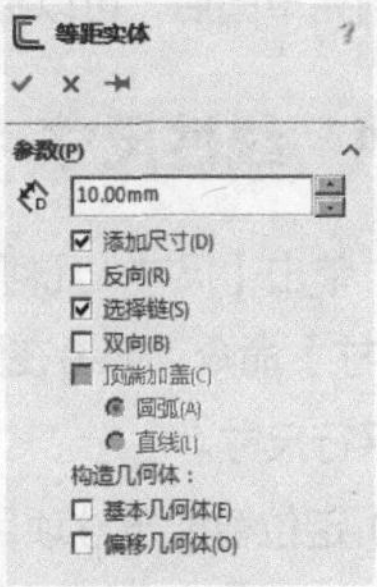

👆 等距实体的操作方法

（1）在草图绘制状态下，选择【工具】|【草图工具】|【等距实体】命令，或者单击【草图】工具栏上的 ⊏【等距实体】按钮，弹出【等距实体】属性管理器。

（2）在绘图区域中选择图 2-49 所示的草图，在 ⊗【等距距离】文本框中输入【20.00mm】，勾选【添加尺寸】和【双向】选项，其他按照默认设置。

图 2-48　【等距实体】属性管理器

（3）单击【等距实体】属性管理器中的 ✓【确定】按钮，完成等距实体的绘制，结果如图 2-50 所示。

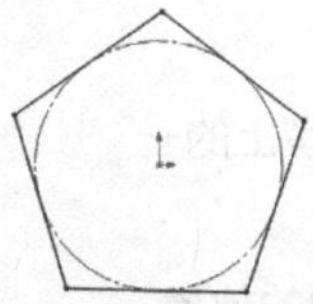

图 2-49　等距实体前的图形

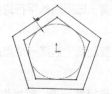

图 2-50　等距实体后的图形

2.3.9　转换实体引用

【转换实体引用】命令是通过已有模型或者草图，将其边线、环、面、曲线、外部草图轮廓线、一组边线或一组草图曲线投影到草图基准面上，生成新的草图。使用该命令时，如果引用的实体发生更改，那么转换的草图实体也会相应地改变。

👆 **转换实体引用的操作方法**

（1）单击以选择新建立的图 2-51 所示的基准面 1，然后单击【草图】工具栏上的 ▣【草图绘制】按钮，进入草图绘制状态。

（2）单击以选择实体的前端面。

（3）选择【工具】|【草图工具】|【转换实体引用】命令，或者单击【草图】工具栏上的 ⑪【转换实体引用】按钮，执行【转换实体引用】命令，结果如图 2-52 所示。

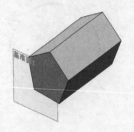 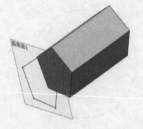

图 2-51 转换实体引用前的图形　　　　　图 2-52 转换实体引用后的图形

2.4 尺寸标注

绘制完草图后，可以标注草图的尺寸。

2.4.1 线性尺寸

（1）单击【尺寸 / 几何关系】工具栏中的 ✐【智能尺寸】按钮，或者选择【工具】|【标注尺寸】|【智能尺寸】命令，或者在图形区域中右击，然后在弹出的快捷菜单中选择【智能尺寸】命令。默认尺寸类型为平行尺寸。

（2）定位智能尺寸项目。移动鼠标指针时，智能尺寸会自动捕捉最近的方位。当预览显示想要的位置及类型时，可以右击以锁定该尺寸。

智能尺寸项目有下列几种。

◆ 直线或者边线的长度：选择要标注的直线，将鼠标指针拖动到要标注的位置。

◆ 直线之间的距离：选择两条平行直线，或者一条直线和一条与直线平行的模型边线。

◆ 点到直线的垂直距离：选择一个点及一条直线或者模型上的一条边线。

◆ 点到点距离：选择两个点，然后为每个尺寸选择不同的位置，生成图 2-53 所示的距离尺寸。

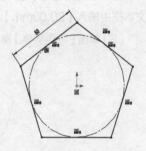

图 2-53 生成点到点的距离尺寸

（3）单击确定尺寸数值所要放置的位置。

2.4.2 角度尺寸

要在两条直线或者一条直线和模型边线之间放置角度尺寸，可以先选择两个草图实体，然后在其周围拖动鼠标指针，显示智能尺寸的预览效果。由于鼠标指针位置改变，因此要标注的角度尺寸数值也会随之改变。

✋ 生成角度尺寸的操作方法

（1）单击【尺寸/几何关系】工具栏中的 ✎【智能尺寸】按钮。

（2）单击其中一条直线。

（3）单击另一条直线或者模型边线。

（4）拖动鼠标指针以显示角度尺寸的预览效果。

（5）单击确定所需尺寸数值的位置，生成图 2-54 所示的角度尺寸。

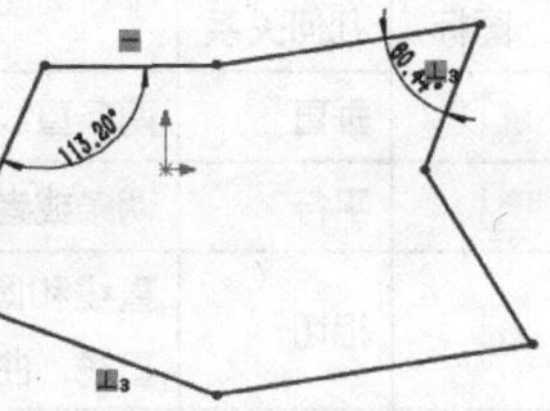

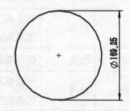

图 2-54　生成的角度尺寸

2.4.3　圆形尺寸

可以在任意角度位置处放置圆形尺寸，尺寸数值显示为直径尺寸。若将尺寸数值竖直或者水平放置，尺寸数值会显示为线性尺寸。

✋ 生成圆形尺寸的操作方法

（1）单击【尺寸/几何关系】工具栏中的 ✎【智能尺寸】按钮。

（2）选择圆形。

（3）拖动鼠标指针以显示圆形直径的预览效果。

（4）单击确定所需尺寸数值的位置，生成图 2-55 所示的圆形尺寸。

图 2-55　生成圆形尺寸

2.4.4　修改尺寸

要修改尺寸，可以双击草图的尺寸，在弹出的【修改】属性管理器中进行设置，如图 2-56 所示，然后单击 ✔【确定】按钮来完成操作。

图 2-56　【修改】属性管理器

2.5　几何关系

绘制草图时使用几何关系可以更容易地控制草图形状，表达设计意图，充分体现人机交互的便利。几何关系与捕捉是相辅相成的，捕捉到的特征就是具有某种几何关系的特征。表 2-1 详细说明了要实现各种几何关系需要选择的草图实体及使用后的效果。

表 2-1　几何关系选项与效果

图标	几何关系	要选择的草图实体	使用后的效果
―	水平	一条或者多条直线，两个或者多个点	使直线水平，使点水平对齐
❘	竖直	一条或者多条直线，两个或者多个点	使直线竖直，使点竖直对齐
╱	共线	两条或者多条直线	使草图实体位于同一条无限长的直线上
◎	全等	两段或者多段圆弧	使草图实体位于同一个圆周上

续表

图标	几何关系	要选择的草图实体	使用后的效果
⊥	垂直	两条直线	使草图实体相互垂直
◊	平行	两条或者多条直线	使草图实体相互平行
◊	相切	直线和圆弧、椭圆弧或者其他曲线，曲面和直线，曲面和平面	使草图实体相切
◎	同心	两段或者多段圆弧	使草图实体共用一个圆心
◊	中点	一条直线或者一段圆弧和一个点	使点位于圆弧或者直线的中心
⊠	交叉点	两条直线和一个点	使点位于两条直线的交叉点处
◊	重合	一条直线、一段圆弧或者其他曲线和一个点	使点位于直线、圆弧或者曲线上
=	相等	两条或者多条直线，两段或者多段圆弧	使草图实体的所有尺寸参数保持相等
◊	对称	两个点、两条直线、两个圆、两个椭圆，或者两条其他曲线和一条中心线	使草图实体相对于中心线对称
◊	固定	任何草图实体	使草图实体的尺寸和位置保持固定，不可更改
◊	穿透	一条基准轴、一条边线、一条直线或者一条样条曲线和一个草图点	草图点与基准轴、边线或者曲线在草图基准面上穿透的位置重合
✓	合并	两个草图点或者端点	使两个点合并为一个点

2.5.1　添加几何关系

　　【添加几何关系】命令是为已有的实体添加约束，此命令只能在草图绘制状态中使用。

　　生成草图实体后，单击【尺寸/几何关系】工具栏中的 ⊥【添加几何关系】按钮，或者选择【工具】|【几何关系】|【添加】命令，弹出【添加几何关系】属性管理器，可以在草图实体之间，或者在草图实体与基准面、轴、边线、顶点之间生成几何关系，如图2-57所示。

　　生成几何关系时，其中至少必须有1个项目是草图实体，其他项目可以是草图实体、边线、面、顶点、原点、基准面或者轴，也可以是其他草图的曲线投影到草图基准面上所形成的直线或者圆弧。

2.5.2　显示/删除几何关系

图2-57　【添加几何关系】属性管理器

　　【显示/删除几何关系】命令用来显示已经应用到草图实体中的几何关系，或者删除不再需要的几何关系。

　　单击【尺寸/几何关系】工具栏中的 ⊥【显示/删除几何关系】按钮，可以显示手动或者自动应用到草图实体的几何关系，并可以用来删除不再需要的几何关系，还可以通过替换列出的参考引用修正错误的草图实体。

2.6　课堂练习

　　下面通过绘制垫片轮廓来讲解草图的绘制方法，用到的草图绘制命令主要有【中心线】【圆】【直线】

【圆角】等，最终效果如图 2-58 所示。

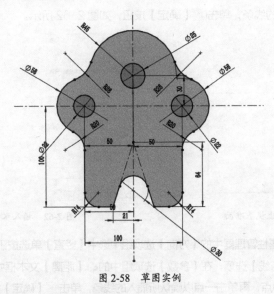

图 2-58　草图实例

2.6.1　新建 SolidWorks 零件并保存文件

（1）启动中文版 SolidWorks，单击【文件】工具栏中的 【新建】按钮，弹出【新建 SOLIDWORKS 文件】对话框，单击 【零件】按钮，单击【确定】按钮，如图 2-59 所示。

（2）选择【文件】|【另存为】命令，弹出【另存为】对话框，在【文件名】文本框中输入【2-1】，单击【保存】按钮，如图 2-60 所示。

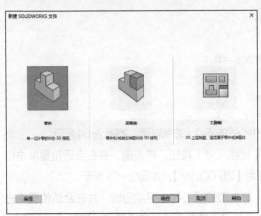

图 2-59　【新建 SOLIDWORKS 文件】对话框

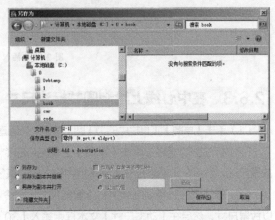

图 2-60　【另存为】对话框

2.6.2　新建草图并绘制尺寸基准线

（1）单击【特征管理器设计树】中的【上视基准面】按钮，使上视基准面成为草图绘制平面。单击 【视图定向】下拉图标中的 【正视于】按钮，如图 2-61 所示。

（2）单击【特征管理器设计树】中的【上视基准面】按钮，单击【草图】工具栏中的 【草图绘制】按钮，进入草图绘制状态。单击【草图】工具栏中的 【中心线】按钮，系统弹出【插入线条】属性管理器，在【方向】选项组中选中【水平】单选按钮，在【选项】选项组中勾选【作为构造线】和【中点线】

选项，在【参数】选项组中的🧭【距离】文本框中输入【300.00】。单击坐标原点，将其作为线条的中点，再单击一点以确认所插入的线条，单击✅【确定】按钮，如图 2-62 所示。

图 2-61　正视于上视基准面

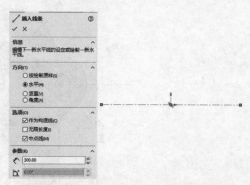

图 2-62　插入水平中心线

（3）在【插入线条】属性管理器中的【方向】选项组中选中【竖直】单选按钮，在【选项】选项组中勾选【作为构造线】和【中点线】选项，在【参数】选项组中的🧭【距离】文本框中输入【300.00】。单击坐标原点，将其作为线条的中点，再单击一点以确认所插入的线条，单击✅【确定】按钮，如图 2-63 所示。

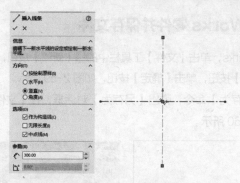

图 2-63　插入竖直中心线

2.6.3　在中心线上绘制圆并标注尺寸

（1）单击【草图】工具栏中的⊙【圆】按钮，在竖直中心线的原点上方绘制圆，如图 2-64 所示。

（2）标注圆的直径。单击【草图】工具栏中的🖋【智能尺寸】按钮，单击圆，并在合适位置单击以放置尺寸，然后在【动态尺寸】文本框中输入圆的直径为【25.00mm】，如图 2-65 所示。

（3）标注圆的位置。继续执行【智能尺寸】命令，单击圆的圆心和水平中心线，并在合适位置单击以放置尺寸，然后在【动态尺寸】文本框中输入【30.00mm】，单击✅【确定】按钮，如图 2-66 所示。

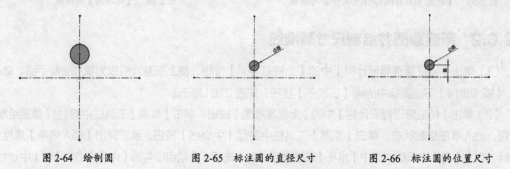

图 2-64　绘制圆　　　　　　图 2-65　标注圆的直径尺寸　　　　　　图 2-66　标注圆的位置尺寸

（4）单击【草图】工具栏中的 ⊙ 【圆】按钮，在水平中心线左右各绘制一个圆，如图 2-67 所示。

（5）标注圆的直径。单击【草图】工具栏中的 ⚡ 【智能尺寸】按钮，单击圆并在合适位置单击以放置尺寸，然后在【动态尺寸】文本框中输入圆的直径为【22.00mm】，如图 2-68 所示。

（6）标注圆的位置。继续执行【智能尺寸】命令，单击圆的圆心和竖直中心线，并在合适位置单击以放置尺寸，然后在【动态尺寸】文本框中输入【50.00mm】，单击 ✓ 【确定】按钮，如图 2-69 所示。

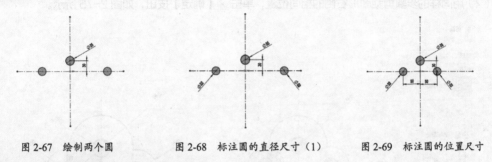

图 2-67　绘制两个圆　　　图 2-68　标注圆的直径尺寸（1）　　　图 2-69　标注圆的位置尺寸

2.6.4　绘制外围圆并标注尺寸

（1）单击【草图】工具栏中的 ⊙ 【圆】按钮，以竖直中心线上方的圆心为原点绘制一个大圆，如图 2-70 所示。

（2）标注圆的直径。单击【草图】工具栏中的 ⚡ 【智能尺寸】按钮，单击圆并在合适位置单击以放置尺寸，然后在【动态尺寸】文本框中输入圆的直径为【90.00mm】，单击 ✓ 【确定】按钮，如图 2-71 所示。

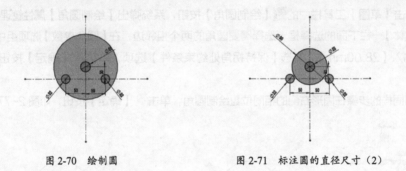

图 2-70　绘制圆　　　　　　　图 2-71　标注圆的直径尺寸（2）

（3）单击【草图】工具栏中的 ⊙ 【圆】按钮，以水平中心线左右两侧的圆心为原点各绘制一个大圆，如图 2-72 所示。

（4）标注圆的直径。单击【草图】工具栏中的 ⚡ 【智能尺寸】按钮，单击圆并在合适位置单击以放置尺寸，然后在【动态尺寸】文本框中输入圆的直径为【56.00mm】，单击 ✓ 【确定】按钮，如图 2-73 所示。

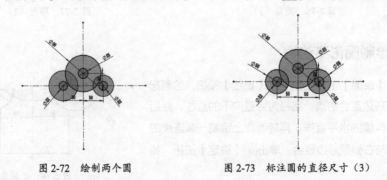

图 2-72　绘制两个圆　　　　　图 2-73　标注圆的直径尺寸（3）

2.6.5 剪裁实体

（1）单击【草图】工具栏中的 **※**【剪裁实体】按钮，系统弹出【剪裁】属性管理器，在【选项】选项组中选择【强劲剪裁】选项，在绘图区中按住鼠标左键并拖动，将鼠标指针拖至要剪裁的另一边，如图 2-74 所示。

（2）用同样的步骤剪裁图形右侧的相同位置，单击 ✅【确定】按钮，如图 2-75 所示。

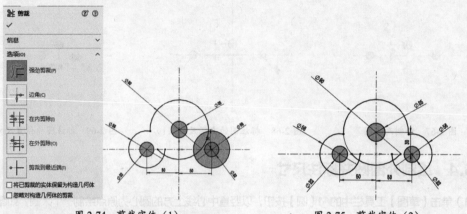

图 2-74 剪裁实体（1）   图 2-75 剪裁实体（2）

2.6.6 绘制圆角

（1）单击【草图】工具栏中的 **◔**【绘制圆角】按钮，系统弹出【绘制圆角】属性管理器。单击【要圆角化的实体】一栏下面的选择框，选择需要圆角的两个相邻边，在【圆角参数】选项组中的 **◠**【半径】文本框中输入【28.00mm】，勾选【保持拐角处约束条件】选项，单击 ✅【确定】按钮，如图 2-76 所示。

（2）用同样的步骤在图形右侧的相同位置绘制圆角，单击 ✅【确定】按钮，如图 2-77 所示。

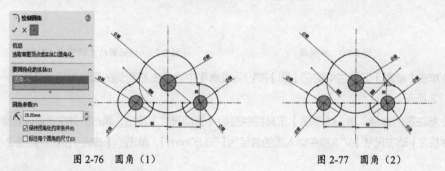

图 2-76 圆角（1）   图 2-77 圆角（2）

2.6.7 绘制图形下边界

（1）单击【草图】工具栏中的 **✎**【直线】按钮，绘制起点为与左侧圆形边重合的点、路径为竖直向下的直线，然后向右绘制一条连续的水平直线，再转而向上绘制一条连续的竖直直线，并与右侧圆形边重合，单击 ✅【确定】按钮，如图 2-78 所示。

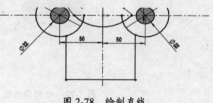

图 2-78 绘制直线

（2）单击【草图】工具栏中的 ☝【智能尺寸】按钮，标注上一步绘制的直线尺寸，单击 ✅【确定】按钮，如图 2-79 所示。

（3）单击【草图】工具栏中的 ✂【剪裁实体】按钮，系统弹出【剪裁】属性管理器，在【选项】选项组中选择【强劲剪裁】选项，将图形中的部分线段剪裁，单击 ✅【确定】按钮，如图 2-80 所示。

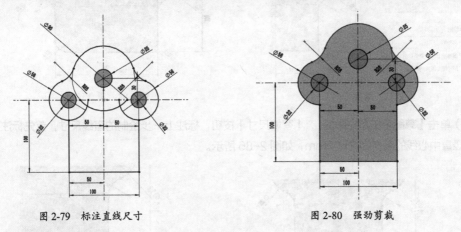

图 2-79　标注直线尺寸　　　　　　　　图 2-80　强劲剪裁

2.6.8　绘制圆角

（1）单击【草图】工具栏中的 ▱【绘制圆角】按钮，系统弹出【绘制圆角】属性管理器。单击【要圆角化的实体】一栏下面的选择框，选择需要圆角的两个相邻边，在【圆角参数】选项组中的 ⚞【半径】文本框中输入【20.00mm】，勾选【保持拐角处约束条件】选项，单击 ✅【确定】按钮，如图 2-81 所示。

（2）用同样的步骤在图形右侧的相同位置绘制圆角，单击 ✅【确定】按钮，如图 2-82 所示。

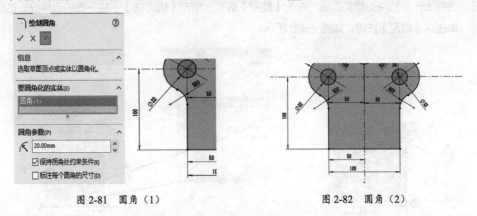

图 2-81　圆角（1）　　　　　　　　图 2-82　圆角（2）

（3）单击【草图】工具栏中的 ▱【绘制圆角】按钮，系统弹出【绘制圆角】属性管理器。单击【要圆角化的实体】一栏下面的选择框，选择左下角的两个相邻边，在【圆角参数】选项组中的 ⚞【半径】文本框中输入【14.00mm】，勾选【保持拐角处约束条件】选项，单击 ✅【确定】按钮，如图 2-83 所示。

（4）用同样的步骤在图形右侧的相同位置绘制圆角，单击 ✅【确定】按钮，如图 2-84 所示。

（5）单击【草图】工具栏中的 ╱【直线】按钮，绘制起点为与底边重合的点、路径为向右上并与竖直中心线相交的直线，单击 ✅【确定】按钮，如图 2-85 所示。

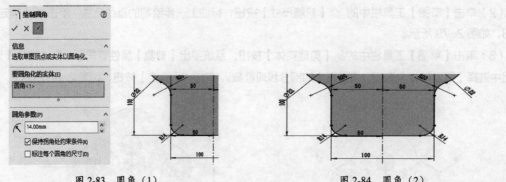

图 2-83　圆角（1）　　　　　　　　　　图 2-84　圆角（2）

（6）单击【草图】工具栏中的 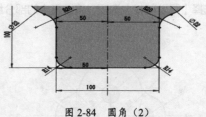【智能尺寸】按钮，标注上一步绘制的直线尺寸，首先标注直线起点距离竖直中心线的距离为 21.00mm，如图 2-86 所示。

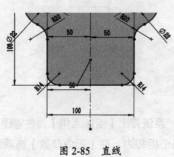

图 2-85　直线

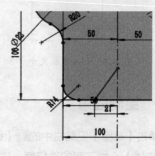

图 2-86　标注直线尺寸（1）

（7）标注直线终点距离底边线的距离为 64.00mm，单击 【确定】按钮，如图 2-87 所示。

（8）单击【草图】工具栏中的 【镜向】按钮，单击【选项】选项组的【要镜向的实体】一栏下面的选择框，选择上一步绘制的倾斜直线；勾选【复制】选项，单击【镜向轴】一栏下面的选择框，选择竖直中心线，单击 【确定】按钮，如图 2-88 所示。

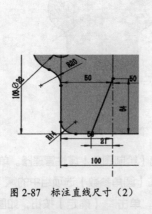

图 2-87　标注直线尺寸（2）

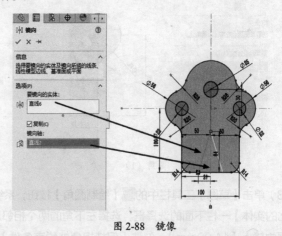

图 2-88　镜像

2.6.9　绘制相切圆弧

（1）单击【草图】工具栏中的 【圆】按钮，以竖直中心线上一点为圆心，并与倾斜直线相切绘制一个圆，如图 2-89 所示。

（2）标注圆的直径。单击【草图】工具栏中的 ╱ 【智能尺寸】按钮，单击圆并在合适位置单击以放置尺寸，然后在【动态尺寸】文本框中输入圆的直径为【30.00mm】，如图 2-90 所示。

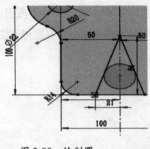

图 2-89　绘制圆

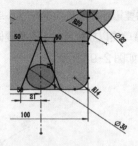

图 2-90　标注圆的直径尺寸

（3）单击【草图】工具栏中的 ╳ 【剪裁实体】按钮，系统弹出【剪裁】属性管理器，在【选项】选项组中选择【强劲剪裁】选项，在图中要剪裁的一边按住鼠标，将鼠标指针拖至要剪裁的另一边，剪裁图形下边不需要的边线，如图 2-91 所示。

（4）用同样的步骤对图形其他位置进行剪裁，单击 ✓ 【确定】按钮，如图 2-92 所示。

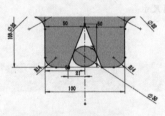

图 2-91　剪裁实体（1）

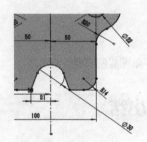

图 2-92　剪裁实体（2）

2.6.10　绘制延长中心线

（1）单击【草图】工具栏中的 ▨ 【中心线】按钮，系统弹出【插入线条】属性管理器，以图中上方交点为起点绘制辅助线，该辅助线与圆弧相切并交于竖直中心线，图中出现相切和交点标志，如图 2-93 所示。

（2）在右方相同位置用同样方式绘制延长辅助线，如图 2-94 所示。

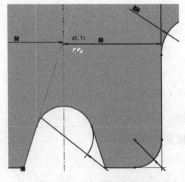

图 2-93　延长辅助线（1）

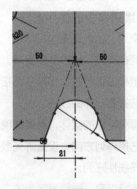

图 2-94　延长辅助线（2）

2.6.11 标注缺失尺寸

对图形进行【剪裁实体】操作后，会造成一些已经标注的尺寸缺失（图形中颜色变为蓝色即为不完全尺寸），需要重新标注缺失的尺寸。单击【草图】工具栏中的 ✎【智能尺寸】按钮，单击上方圆弧，并在合适位置单击以放置尺寸（不需要修改尺寸），标注延长辅助线的顶点距离图形底边的距离（不需要修改尺寸），如图 2-95 所示。

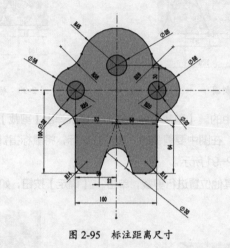

图 2-95 标注距离尺寸

至此，草图实例已经绘制完成。

本章小结

1. 常用的绘图命令的使用方法

   点：单击一点即可。

   直线：单击一点即为起点，再单击一点即为终点，按 Esc 键退出绘制状态。

   圆：单击一点为圆心，再单击一点即为圆上一点。

   圆弧：单击一点为圆心，再单击一点为圆弧起点，再单击一点为圆弧终点。

   矩形：单击一点为矩形左下角端点，再单击一点为矩形右上角端点。

   多边形：单击一点为多边形中心点，输入多边形边数，再单击一点为多边形上的点。

   草图文字：选择一条线段，输入文字。

2. 常用的草图编辑命令的使用方法

   圆角：选择交点，输入圆角半径。

   倒角：选择两条交线，输入倒角距离。

   剪裁：按住鼠标左键不放，移动鼠标指针。

   延伸：直接选择要延伸的线段。

   镜像：先选择要镜像的实体，再选择镜像的轴线。

   线性阵列：选择阵列方向，设置阵列数目，选择要阵列的实体。

   圆周阵列：同线性阵列。

   等距：设置等距距离，选择要等距的实体。

   转换实体引用：选择实体表面或者边线。

课后习题

作业 1

利用【直线】命令和【尺寸标注】命令绘制草图，如图 2-96 所示。

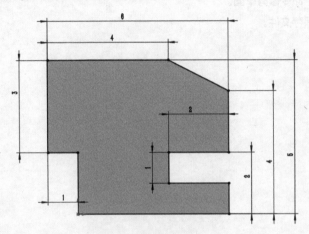

图 2-96　最终效果（1）

💡 解题思路

（1）选择【前视基准面】作为绘图平面。

（2）使用【直线】命令绘制图形大体轮廓。

（3）使用【尺寸标注】命令约束草图。

（4）退出草图，保存文件。

作业 2

利用【圆】【剪裁】【圆周阵列】【尺寸标注】命令绘制草图，如图 2-97 所示。

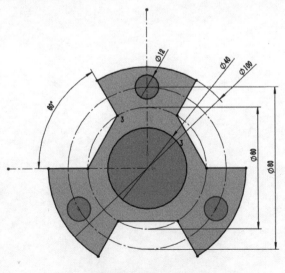

图 2-97　最终效果（2）

💡 **解题思路**

（1）选择【前视基准面】作为绘图平面。

（2）使用【圆】【中心线】和【直线】命令绘制图形大体轮廓。

（3）使用【尺寸标注】命令约束草图。

（4）使用【剪裁】命令修剪草图。

（5）退出草图，保存文件。

第 3 章

三维基本特征

学习目标

知识点

◇ 掌握三维建模的基本命令——拉伸、旋转、扫描、放样。

◇ 掌握三维建模的辅助命令——筋、孔、圆角、倒角和抽壳。

技能点

◇ 利用三维建模的基本命令和辅助命令建立基本的三维模型。

◇ 利用特征编辑命令对已有的三维模型进行修改。

3.1 拉伸凸台 / 基体特征

单击【特征】工具栏中的 【拉伸凸台 / 基体】按钮，或者选择【插入】|【凸台 / 基体】|【拉伸】命令，弹出【凸台 - 拉伸】属性管理器，如图 3-1 所示。

生成拉伸凸台 / 基体特征的操作方法

（1）在前视基准面上绘制一个六边形草图，如图 3-2 所示。

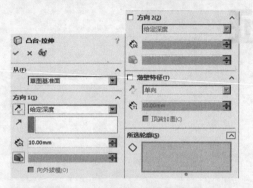

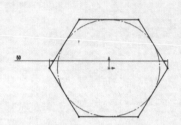

图 3-1　【凸台 - 拉伸】属性管理器（1）

图 3-2　绘制草图

（2）单击【特征】工具栏中的 【拉伸凸台 / 基体】按钮，或者选择【插入】|【凸台 / 基体】|【拉伸】命令，弹出【凸台 - 拉伸】属性管理器。按图 3-3 所示参数进行设置，单击 【确定】按钮，生成拉伸特征，如图 3-4 所示。

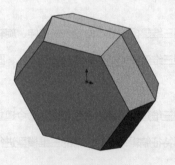

图 3-3　【凸台 - 拉伸】属性管理器（2）

图 3-4　生成拉伸特征

3.2 拉伸切除特征

单击【特征】工具栏中的 【拉伸切除】按钮，或者选择【插入】|【切除】|【拉伸】命令，弹出【切除 - 拉伸】属性管理器，如图 3-5 所示。

生成拉伸切除特征的操作方法

（1）在一实体上绘制圆形草图，如图 3-6 所示。

（2）单击【特征】工具栏中的 【拉伸切除】按钮，或者选择【插入】|【切除】|【拉伸】命令，弹出【切

除－拉伸】属性管理器，根据需要设置参数，如图 3-7 所示。单击 【确定】按钮，结果如图 3-8 所示。

图 3-5　【切除－拉伸】属性管理器（1）

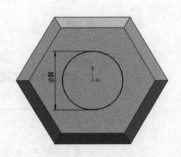

图 3-6　绘制草图

图 3-7　【切除－拉伸】属性管理器（2）

图 3-8　生成拉伸切除特征

3.3　旋转凸台／基体特征

单击【特征】工具栏中的 【旋转凸台／基体】按钮，或者选择【插入】|【凸台／基体】|【旋转】命令，弹出【旋转】属性管理器，如图 3-9 所示。

图 3-9　【旋转】属性管理器

👆 **生成旋转凸台／基体特征的操作方法**

（1）绘制草图，包含一个矩形草图及一条中心线，如图 3-10 所示。

（2）单击【特征】工具栏中的 ⊘【旋转凸台／基体】按钮，或者选择【插入】|【凸台／基体】|【旋转】命令，弹出【旋转】属性管理器，如图 3-11 所示。根据需要设置参数，单击 ✓【确定】按钮，结果如图 3-12 所示。

图 3-10 绘制草图　　　　图 3-11 【旋转】属性管理器　　　　图 3-12 生成旋转特征

3.4 扫描特征

扫描特征是通过沿着一条路径移动轮廓以生成基体、凸台或者曲面的一种特征。

单击【特征】工具栏中的 ✎【扫描】按钮，或者选择【插入】|【凸台／基体】|【扫描】命令，弹出【扫描】属性管理器，如图 3-13 所示。

👆 **生成扫描特征的操作方法**

（1）打开【配套电子资源 \3\ 知识点讲解模型 \3.4】文作。选择【插入】|【凸台／基体】|【扫描】命令，弹出【扫描】属性管理器。在【轮廓和路径】选项组中，单击 ⌀【轮廓】选择框，在图形区域中选择草图 1，单击 ⌀【路径】选择框，在图形区域中选择草图 2，如图 3-14 所示。

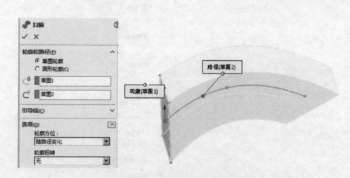

图 3-13 【扫描】属性管理器（1）　　　　图 3-14 【扫描】属性管理器（2）

（2）在【选项】选项组中，设置【轮廓方位】为【随路径变化】，设置【轮廓扭转】为【无】，单击 ✓【确定】按钮，结果如图 3-15 所示。

（3）在【选项】选项组中，设置【轮廓方位】为【保持法线不变】，再单击 ✓【确定】按钮，结果如图 3-16 所示。

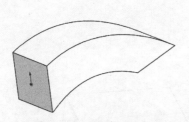

图 3-15　随路径变化的扫描特征

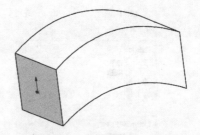

图 3-16　保持法向不变的扫描特征

3.5　放样特征

放样特征通过在轮廓之间进行过渡以生成特征。放样的对象可以是基体、凸台或者曲面等。可以使用两个或者多个轮廓生成放样，但仅第一个或者最后一个对象的轮廓可以是点。

选择【插入】|【凸台/基体】|【放样】命令，弹出【放样】属性管理器，如图 3-17 所示。

图 3-17　【放样】属性管理器

生成放样特征的操作方法

（1）打开【配套电子资源 \3\知识点讲解模型 \3.5】文件。选择【插入】|【凸台/基体】|【放样】命令，弹出【放样】属性管理器。在【轮廓】选项组中，单击【轮廓】选择框，在图形区域中分别选择矩形草图的一个顶点和六边形草图的一个顶点，如图 3-18 所示。单击 ✓【确定】按钮，结果如图 3-19 所示。

图 3-18　【轮廓】选项组

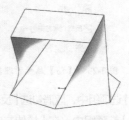

图 3-19　生成放样特征

（2）在【起始/结束约束】选项组中，设置【结束约束】为【垂直于轮廓】，如图 3-20 所示。单击 ✓【确定】按钮，结果如图 3-21 所示。

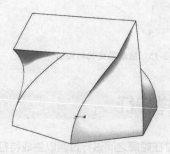

图 3-20　【起始/结束约束】选项组　　　图 3-21　生成放样特征

3.6 筋特征

筋特征是在轮廓与现有零件之间按指定方向和厚度进行延伸的一种特征。筋特征可以使用单一或者多个草图生成，也可以使用拔模生成，或者选择要拔模的参考轮廓。

单击【特征】工具栏中的 ![筋按钮] 【筋】按钮，或者选择【插入】|【特征】|【筋】命令，弹出【筋】属性管理器，如图 3-22 所示。

图 3-22　【筋】属性管理器（1）

👆 **生成筋特征的操作方法**

（1）打开【配套电子资源\3\知识点讲解模型\3.6】文件。选择【插入】|【特征】|【筋】命令，弹出【筋】属性管理器。按图 3-23 所示进行参数设置。单击 ✓【确定】按钮，结果如图 3-24 所示。

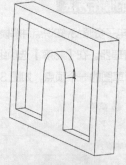

图 3-23　【筋】属性管理器（2）　　　图 3-24　生成筋特征

（2）在【参数】选项组中，取消勾选【反转材料方向】选项，单击 ✓【确定】按钮，结果如图 3-25 所示。

（3）在【参数】选项组中，在【拉伸方向】中单击 ![垂直于草图] 【垂直于草图】按钮，取消勾选【反转材料方向】

选项，在【类型】中选中【线性】单选按钮，如图 3-26 所示。单击 ✓【确定】按钮，结果如图 3-27 所示。

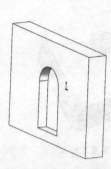
图 3-25　生成筋特征

图 3-26　【筋】属性管理器

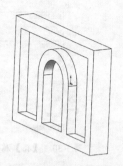
图 3-27　生成线性筋特征

3.7　孔特征

孔特征是在模型上生成各种类型的孔。在平面上放置孔并设置深度，可以通过标注尺寸的方法定义它的位置。

1. 简单直孔

选择【插入】|【特征】|【孔】|【简单直孔】命令，弹出【孔】属性管理器，如图 3-28 所示。

2. 异型孔

单击【特征】工具栏中的 ⚙【异型孔向导】按钮，或者选择【插入】|【特征】|【孔】|【向导】命令，弹出【孔向导】属性管理器，如图 3-29 所示。

图 3-28　【孔】属性管理器

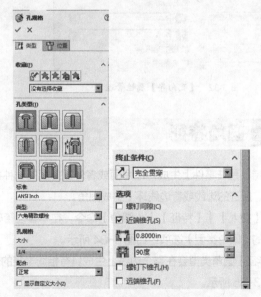
图 3-29　【孔向导】属性管理器

🖑 **生成孔特征的操作方法**

（1）打开【配套电子资源 \3\ 知识点讲解模型 \3.7】文件。选择【插入】|【特征】|【孔】|【简单直孔】命令，弹出【孔】属性管理器。按图 3-30 所示进行参数设置，单击 ✓【确定】按钮，结果如图 3-31 所示。

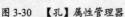

图 3-30 【孔】属性管理器

图 3-31 生成简单直孔特征

（2）选择【插入】|【特征】|【孔】|【向导】命令，弹出【孔向导】属性管理器。按图 3-32 所示进行参数设置，且设置 🔲【终止条件】为完全贯穿。单击 🔲【位置】选项卡，在图形区域定义点的位置，单击 ✅【确定】按钮，结果如图 3-33 所示。

图 3-32 【孔向导】属性管理器

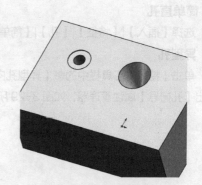

图 3-33 生成异型孔特征

3.8 圆角特征

圆角特征是在零件上生成内圆角面或者外圆角面的一种特征，可以在一个面的所有边线上、所选的多组面上、所选的边线或者边线环上生成圆角。

选择【插入】|【特征】|【圆角】命令，在【属性管理器】中弹出【圆角】属性管理器。【手工】选项卡中的【圆角类型】选项组如图 3-34 所示。

【等半径】圆角类型会在整个边线上生成具有相同半径的圆角。单击【恒定大小半径】按钮，属性管理器如图 3-35 所示。

🖑 生成圆角特征的操作方法

（1）打开【配套电子资源 \3\ 知识点讲解模型 \3.8】文件。选择【插入】|【特征】|【圆角】命令，弹出【圆角】属性管理器。在【圆角类型】选项组中单击【恒定大小半径】按钮，按图 3-36 所示进行参数设置，单击 ✅【确定】按钮，生成等半径圆角特征，如图 3-37 所示。

图 3-34　【圆角类型】选项组

图 3-35　单击【恒定大小半径】按钮后的属性管理器

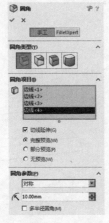

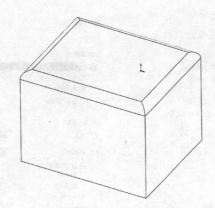

图 3-36　设置等半径圆角特征

图 3-37　生成等半径圆角特征

（2）在【圆角类型】选项组中单击 ⑧【变半径】按钮。在【圆角项目】选项组中单击 ⑰【边线、面、特征和环】选择框，在图形区域选择模型正面的一条边线；按图 3-38 所进行参数设置，单击 ✓【确定】按钮，生成变半径圆角特征，如图 3-39 所示。

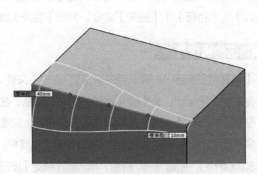

图 3-38　设置变半径圆角特征

图 3-39　生成变半径圆角特征

3.9 倒角特征

倒角特征是在所选边线、面或者顶点上生成倒角的特征。

选择【插入】|【特征】|【倒角】命令，在【属性管理器】中弹出【倒角】属性管理器，如图 3-40 所示。

◆ 【角度距离】：通过设置角度和距离来生成倒角。

◆ 【距离 – 距离】：通过设置两个面的距离来生成倒角。

◆ 【顶点】：通过设置顶点来生成倒角。

生成倒角特征的操作方法

（1）打开【配套电子资源 \3\ 知识点讲解模型 \3.9】文件。

（2）选择【插入】|【特征】|【倒角】命令，弹出【倒角】属性管理器。在【倒角参数】选项组中单击 【边线和面或顶点】选择框，在图形区域选择模型的边线，按图 3-41 所示进行参数设置。单击 【确定】按钮，生成不保持特征的倒角特征，如图 3-42 所示。

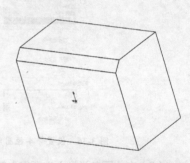

图 3-40　【倒角】属性管理器（1）　　图 3-41　【倒角】属性管理器（2）　　图 3-42　生成不保持特征的倒角特征

3.10 抽壳特征

抽壳特征可以掏空零件，使所选择的面敞开，在其他面上生成薄壁特征。如果没有选择模型上的任何面，则掏空实体零件，生成闭合的抽壳特征，也可以使用多个厚度以生成抽壳模型。

选择【插入】|【特征】|【抽壳】命令，弹出【抽壳】属性管理器，如图 3-43 所示。

生成抽壳特征的操作方法

（1）打开【配套电子资源 \3\ 知识点讲解模型 \3.10】文件。选择【插入】|【特征】|【抽壳】命令，弹出【抽壳】属性管理器。单击 【移除的面】选择框，在图形区域选择模型的上表面，按图 3-44 所示进行参数设置。单击 【确定】按钮，生成抽壳特征，如图 3-45 所示。

（2）在【多厚度设定】选项组中单击 【多厚度面】选择框，选择模型的下表面和右侧面，分别设置 【多厚度】为【30.00mm】，如图 3-46 所示。单击 【确定】按钮，生成多厚度抽壳特征，如图 3-47 所示。

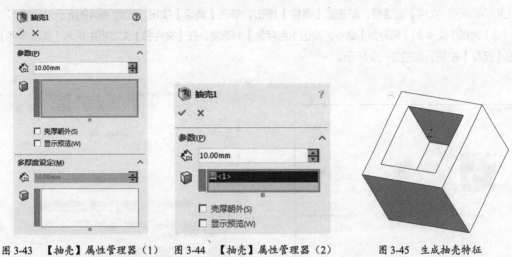

图 3-43 【抽壳】属性管理器（1）　　图 3-44 【抽壳】属性管理器（2）　　图 3-45 生成抽壳特征

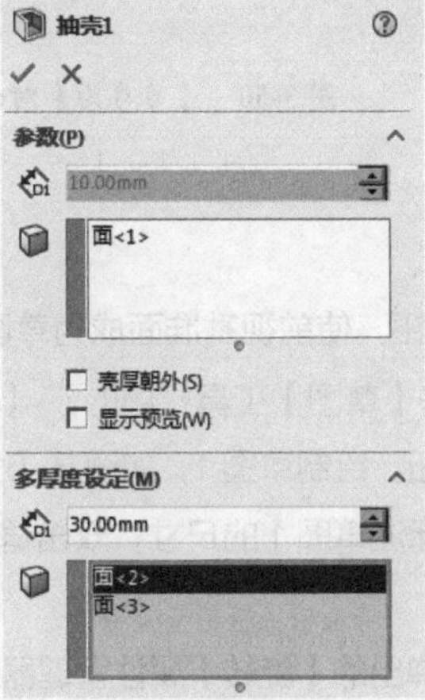

图 3-46 【多厚度设定】选项组 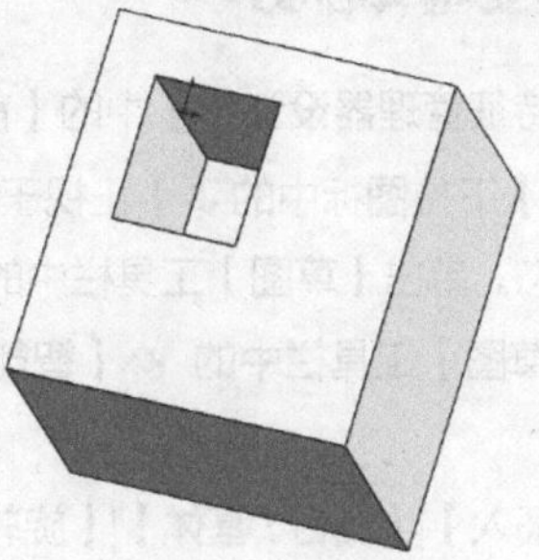　　　　　图 3-47 生成多厚度抽壳特征

3.11 课堂练习1——长轴建模实例

本节以长轴模型为例，介绍三维建模的过程，模型如图 3-48 所示。

图 3-48 长轴模型

接下来讲述具体操作步骤。

3.11.1 新建 SolidWorks 零件并保存文件

（1）启动中文版 SolidWorks 2022，单击【文件】工具栏中的 📄【新建】按钮，弹出【新建

SOLIDWORKS 文件】对话框，单击■【零件】按钮，单击【确定】按钮，如图 3-49 所示。

（2）选择【文件】|【另存为】命令，弹出【另存为】对话框，在【文件名】文本框中输入【长轴零件】，单击【保存】按钮，如图 3-50 所示。

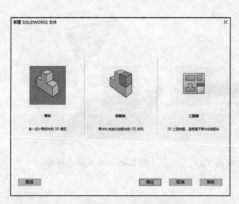

图 3-49　【新建 SOLIDWORKS 文件】对话框

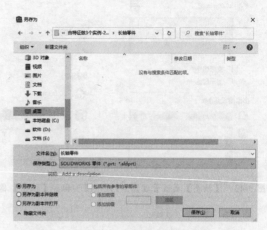

图 3-50　【另存为】对话框

3.11.2　建立基体部分

（1）单击【特征管理器设计树】中的【前视基准面】按钮，使前视基准面成为草图 1 绘制平面。单击■【视图定向】下拉图标中的↓【正视于】按钮，并单击【草图】工具栏中的□【草图绘制】按钮，进入草图绘制状态。单击【草图】工具栏中的✏【直线】按钮，绘制草图 1，如图 3-51 所示。

（2）单击【草图】工具栏中的✐【智能尺寸】按钮，标注草图 1 的尺寸，双击退出草图绘制状态，如图 3-52 所示。

（3）选择【插入】|【凸台 / 基体】|【旋转】命令，单击弹出的【旋转】属性管理器中的✐【旋转轴】选择框，选择草图中的水平长直线；按图 3-53 所示进行参数设置。单击✔【确定】按钮，完成旋转凸台 / 基体特征的绘制，如图 3-54 所示。

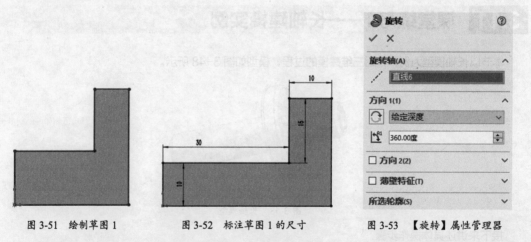

图 3-51　绘制草图 1　　　　　图 3-52　标注草图 1 的尺寸　　　　　图 3-53　【旋转】属性管理器

（4）单击旋转凸台 / 基体的右表面，使其成为草图 2 的绘制平面。单击■【视图定向】下拉图标中的↓【正视于】按钮，并单击【草图】工具栏中的□【草图绘制】按钮，进入草图绘制状态。单击【草图】工具栏中的◎【圆】按钮，绘制草图 2，如图 3-55 所示。

（5）单击【草图】工具栏中的 ✎【智能尺寸】按钮，标注草图2的尺寸，双击退出草图绘制状态，如图3-56所示。

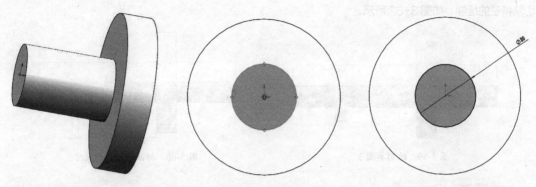

图3-54 完成旋转凸台/基体特征的绘制　　　图3-55 绘制草图2　　　图3-56 标注草图2的尺寸

（6）选择【插入】|【凸台/基体】|【拉伸】命令，在弹出的【凸台－拉伸】属性管理器中的【从】选项组中选择【草图基准面】选项，在【方向1】选项组中的 ❖【终止条件】中选择【给定深度】选项，在 ❖【深度】文本框中输入【60.00mm】，并勾选【合并结果】选项，如图3-57所示。最后单击【凸台－拉伸】属性管理器中的 ✓【确定】按钮，完成拉伸凸台/基体特征的绘制，如图3-58所示。

图3-57 【凸台－拉伸】属性管理器

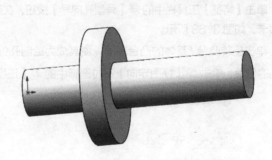

图3-58 完成拉伸凸台/基体特征的绘制

3.11.3 建立辅助部分

（1）单击【特征管理器设计树】中的【前视基准面】按钮，使前视基准面成为草图3绘制平面。单击 ☞【视图定向】下拉图标中的 ↓【正视于】按钮，并单击【草图】工具栏中的 ▭【草图绘制】按钮，进入草图绘制状态。单击【草图】工具栏中的 ▭【边角矩形】按钮和 ✎【直线】按钮，绘制草图3，如图3-59所示。

（2）单击【草图】工具栏中的 ✎【智能尺寸】按钮，标注草图3的尺寸，双击退出草图绘制状态，如图3-60所示。

（3）选择【插入】|【切除】|【旋转】命令，单击弹出的【切除－旋转】属性管理器中的 ╱【旋转轴】选择框，选择草图的中心水平直线，在【方向1】选项组的 ◔【旋转类型】选项中选择【给定深度】选项，

在 ❰【方向 1 角度】文本框中输入【360.00 度】，单击 ◇【所选轮廓】选择框，选择【边角矩形】特征所创建的部分，如图 3-61 所示。最后单击【切除 - 旋转】属性管理器中的 ✓【确定】按钮，完成旋转切除特征的绘制，如图 3-62 所示。

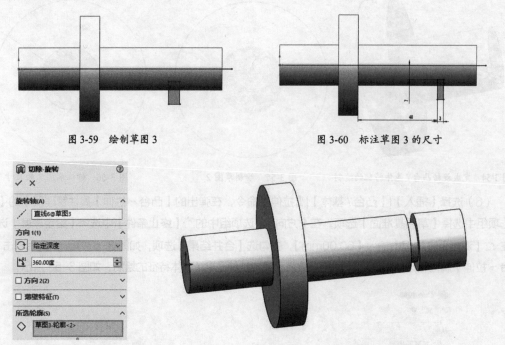

图 3-59　绘制草图 3　　　　　　　　　　图 3-60　标注草图 3 的尺寸

图 3-61　【切除 - 旋转】属性管理器　　　　图 3-62　完成旋转切除特征的绘制

（4）单击【特征】工具栏中的 ⚙【异型孔向导】按钮，在弹出的【孔向导】属性管理器中单击 ☷【位置】选项卡，如图 3-63 所示。

（5）单击旋转凸台 / 基体的凸台表面，使其成为绘制孔位置的平面，并且在该平面上单击两点，作为绘制孔的位置，单击 ⌂【视图定向】下拉图标中的 ⊥【正视于】按钮，如图 3-64 所示。

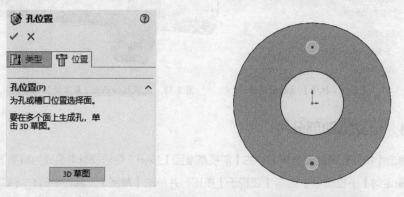

图 3-63　【孔向导】属性管理器中的【位置】选项卡　　图 3-64　选择孔位置

（6）单击【草图】工具栏中的 ✐【智能尺寸】按钮，标注所绘制点的位置尺寸，双击退出草图绘制状态，如图 3-65 所示。

（7）单击【尺寸 / 几何关系】工具栏中的 ⊥【添加几何关系】按钮，按住 Ctrl 键，依次单击孔的两点和坐标原点，并单击【添加几何关系】属性管理器中的 ╎【竖直】按钮，最后单击【添加几何关系】属性管理器中的 ✓【确定】按钮，如图 3-66 所示。

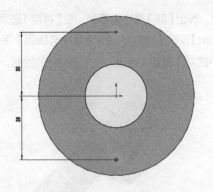

图 3-65　标注点的位置尺寸　　　　图 3-66　【添加几何关系】属性管理器

（8）在【孔向导】属性管理器中单击【类型】选项卡，在【孔类型】选项组中选择【直螺纹孔】选项，在【标准】选项中选择【GB】选项，在【类型】选项中选择【底部螺纹孔】选项，在【大小】选项中选择【M6】选项，在【终止条件】选项中选择【完全贯穿】选项，在【螺纹线】选项中选择【完全贯穿】选项，在【选项】中选择【装饰螺纹线】选项，如图 3-67 所示。最后单击【孔向导】属性管理器中的【确定】按钮，完成孔向导特征的绘制，如图 3-68 所示。

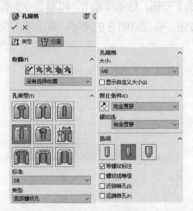

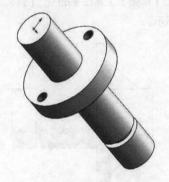

图 3-67　【孔向导】属性管理器【类型】选项卡　　　图 3-68　完成孔向导特征的绘制

3.11.4　建立筋板部分

（1）单击【特征管理器设计树】中的【上视基准面】按钮，使上视基准面成为草图 4 绘制平面。单击【视图定向】下拉图标中的【正视于】按钮，并单击【草图】工具栏中的【草图绘制】按钮，进入草图绘制状态。单击【草图】工具栏中的【直线】按钮，绘制草图 4，如图 3-69 所示。

（2）单击【草图】工具栏中的【智能尺寸】按钮，标注草图 4 的尺寸，双击退出草图绘制状态，如图 3-70 所示。

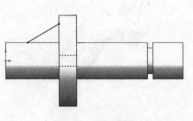

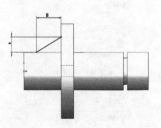

图 3-69　绘制草图 4　　　　图 3-70　标注草图 4 的尺寸

（3）单击【特征】工具栏中的 ✍【筋】按钮，弹出【筋】属性管理器，在【厚度】选项中选择 ▤【两侧】选项，在 ✍【筋厚度】文本框中输入【4.00mm】，在【拉伸方向】选项中选择 ◈【平行于草图】选项，如图 3-71 所示。最后单击【筋】属性管理器中的 ✔【确定】按钮，完成筋特征的绘制，如图 3-72 所示。

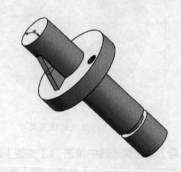

图 3-71　【筋】属性管理器（1）　　　　图 3-72　完成筋特征的绘制（1）

（4）单击【特征管理器设计树】中的【上视基准面】按钮，使上视基准面成为草图 5 绘制平面。单击 ▦【视图定向】下拉图标中的 ⬆【正视于】按钮，并单击【草图】工具栏中的 ⌐【草图绘制】按钮，进入草图绘制状态。单击【草图】工具栏中的 ╱【直线】按钮，绘制草图 5，如图 3-73 所示。

（5）单击【草图】工具栏中的 ◆【智能尺寸】按钮，标注草图 5 的尺寸，双击退出草图绘制状态，如图 3-74 所示。

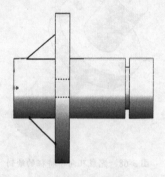

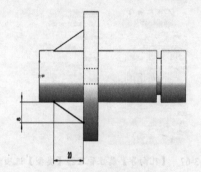

图 3-73　绘制草图 5　　　　　　　图 3-74　标注草图 5 的尺寸

（6）单击【特征】工具栏中的 ✍【筋】按钮，弹出【筋】属性管理器，在【厚度】选项中选择 ▤【两侧】选项，在 ✍【筋厚度】文本框中输入【4.00mm】，在【拉伸方向】选项中选择 ◈【平行于草图】选项，并勾选【反转材料方向】选项，如图 3-75 所示。最后单击【筋】属性管理器中的 ✔【确定】按钮，完成筋特征的绘制，如图 3-76 所示。

图 3-75　【筋】属性管理器（2）　　　　图 3-76　完成筋特征的绘制（2）

3.11.5　建立中心孔部分

（1）单击旋转凸台／基体的左侧表面，使其成为草图 6 的绘制平面。单击 【视图定向】下拉图标中的 【正视于】按钮，并单击【草图】工具栏中的 【草图绘制】按钮，进入草图绘制状态。单击【草图】工具栏中的 【圆】按钮，绘制草图 6，如图 3-77 所示。

（2）单击【草图】工具栏中的 【智能尺寸】按钮，标注草图 6 的尺寸，双击退出草图绘制状态，如图 3-78 所示。

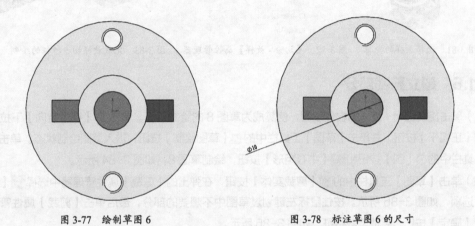

图 3-77　绘制草图 6　　　　　　　　　　　图 3-78　标注草图 6 的尺寸

（3）单击旋转凸台／基体的凸台表面，使其成为草图 7 的绘制平面。单击 【视图定向】下拉图标中的 【正视于】按钮，并单击【草图】工具栏中的 【草图绘制】按钮，进入草图绘制状态。单击【草图】工具栏中的 【圆】按钮，绘制草图 7，如图 3-79 所示。

（4）单击【草图】工具栏中的 【智能尺寸】按钮，标注草图 7 的尺寸，双击退出草图绘制状态，如图 3-80 所示。

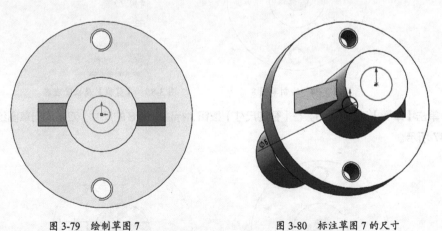

图 3-79　绘制草图 7　　　　　　　　　　　图 3-80　标注草图 7 的尺寸

（5）选择【插入】|【切除】|【放样】命令，在弹出的【切除－放样】属性管理器中，单击【轮廓】选项组中的选择框，选择图 3-81 所示的两个草图，如图 3-82 所示。最后单击【切除－放样】属性管理器中的 【确定】按钮，完成放样切除特征的绘制，如图 3-83 所示。

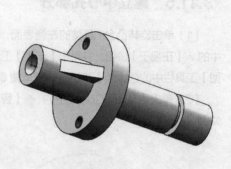

图 3-81 选择放样的轮廓　　图 3-82 【切除 - 放样】属性管理器　　图 3-83 完成放样切除特征的绘制

3.11.6　建立剪裁部分

（1）单击旋转凸台 / 基体的右侧表面，使其成为草图 8 的绘制平面。单击【视图定向】下拉图标中的【正视于】按钮，并单击【草图】工具栏中的【草图绘制】按钮，进入草图绘制状态。单击【草图】工具栏中的【圆】按钮和【中心矩形】按钮，绘制草图 8，如图 3-84 所示。

（2）单击【草图】工具栏中的【剪裁实体】按钮，在弹出的【剪裁】属性管理器中选择【强劲剪裁】选项，如图 3-85 所示。按住鼠标左键划过草图中不想要的部分，最后单击【剪裁】属性管理器中的【确定】按钮，完成剪裁特征，如图 3-86 所示。

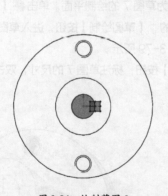

图 3-84 绘制草图 8　　　　　图 3-85 【剪裁】属性管理器

（3）单击【草图】工具栏中的【智能尺寸】按钮，标注草图 8 的尺寸，双击退出草图绘制状态，如图 3-87 所示。

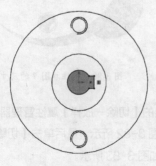
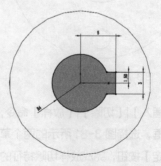

图 3-86 完成剪裁特征　　　　图 3-87 标注草图 8 的尺寸

（4）选择【插入】|【切除】|【拉伸】命令，在弹出的【切除－拉伸】属性管理器中，选择【从】选项组的【草图基准面】选项，在【方向1】选项组的 ↗ 【终止条件】中选择【给定深度】选项，在 ⚙ 【深度】文本框中输入【10.00mm】，如图3-88所示。最后单击【切除－拉伸】属性管理器中的 ✓ 【确定】按钮，完成拉伸切除特征的绘制，如图3-89所示。

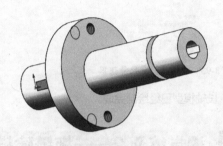

图 3-88　【切除－拉伸】属性管理器　　　　图 3-89　完成拉伸切除特征的绘制

3.11.7　修饰边角部分

（1）单击【特征】工具栏中的 🎱 【圆角】按钮，在弹出的【圆角】属性管理器中，按图3-90所示进行参数设置，单击【圆角】属性管理器中的 ✓ 【确定】按钮，完成圆角特征的绘制，如图3-91所示。

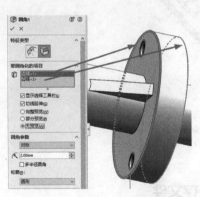

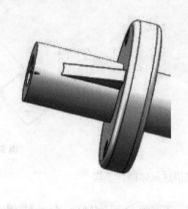

图 3-90　【圆角】属性管理器　　　　图 3-91　完成圆角特征的绘制

（2）单击【特征】工具栏中的 ⚪ 【倒角】按钮，弹出【倒角】属性管理器，在【圆角类型】选项组中选择 🔷 【角度距离】选项，单击 🔘 【要倒角化的项目】选择框，选择图3-92所示的两条边，在 ⚙ 【倒角参数距离】文本框中输入【2.00mm】，在 ◹ 【倒角参数角度】文本框中输入【45.00度】，如图3-93所示。最后单击【倒角】属性管理器中的 ✓ 【确定】按钮，完成倒角特征的绘制，如图3-94所示。

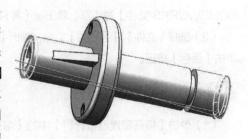

图 3-92　选择要倒角化的边线

图 3-93　【倒角】属性管理器

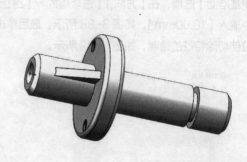

图 3-94　完成倒角特征的绘制

至此，长轴模型已经绘制完成。

3.12　课堂练习2——拖链建模实例

本节以拖链模型为例，介绍三维特征的使用方法，模型如图 3-95 所示。

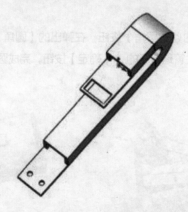

图 3-95　拖链模型

接下来讲述具体操作步骤。

3.12.1　新建 SolidWorks 零件并保存文件

（1）启动中文版 SolidWorks 2022，单击【文件】工具栏中的 🗋【新建】按钮，弹出【新建 SOLIDWORKS 文件】对话框，单击🐣【零件】按钮，单击【确定】按钮。

（2）选择【文件】|【另存为】命令，弹出【另存为】对话框，在【文件名】文本框中输入【拖链零件】，单击【保存】按钮。

3.12.2　建立基体部分

（1）单击【特征管理器设计树】中的【前视基准面】按钮，使前视基准面成为草图1绘制平面。单击📦【视图定向】下拉图标中的 ↓【正视于】按钮，并单击【草图】工具栏中的 ⌐【草图绘制】按钮，进入草图绘制状态。单击【草图】工具栏中的📭【中心矩形】按钮，绘制草图1，如图 3-96 所示。

（2）单击【草图】工具栏中的 ✎【智能尺寸】按钮，标注草图 1 的尺寸，双击退出草图绘制状态，如图 3-97 所示。

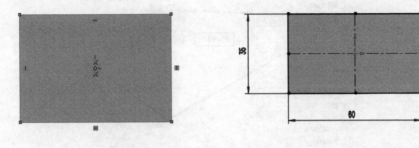

图 3-96 绘制草图 1 　　　　　　　　　图 3-97 标注草图 1 的尺寸

（3）单击【特征管理器设计树】中的【右视基准面】按钮，使右视基准面成为草图 2 绘制平面。单击 ✎【视图定向】下拉图标中的 ↓【正视于】按钮，并单击【草图】工具栏中的 □【草图绘制】按钮，进入草图绘制状态。单击【草图】工具栏中的 ╱【直线】按钮和 ⌒【切线弧】，绘制草图 2，如图 3-98 所示。

（4）单击【尺寸/几何关系】工具栏中的 ⊥【添加几何关系】按钮，添加草图 2 的几何约束关系，依次单击第一条直线和圆弧的交点、圆弧的中心点和第二条直线和圆弧的交点，并单击【添加几何关系】属性管理器中的 ⏐【竖直】按钮，最后单击【添加几何关系】属性管理器中的 ✓【确定】按钮，如图 3-99 所示。

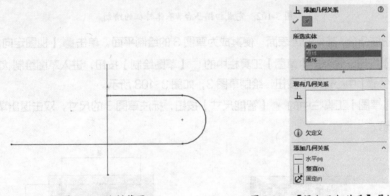

图 3-98 绘制草图 2 　　　　　　　　　图 3-99 【添加几何关系】属性管理器

（5）单击【草图】工具栏中的 ✎【智能尺寸】按钮，标注草图 2 的尺寸，双击退出草图绘制状态，如图 3-100 所示。

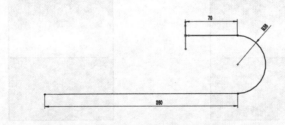

图 3-100 标注草图 2 的尺寸

（6）选择【插入】|【凸台/基体】|【扫描】命令，在弹出的【扫描】属性管理器中，按图 3-101 所示进行参数设置，最后单击【扫描】属性管理器中的 ✓【确定】按钮，完成扫描凸台/基体特征的绘制，如图 3-102 所示。

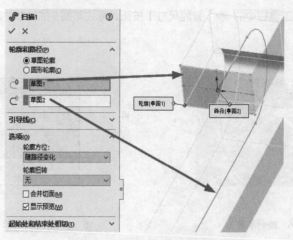

图 3-101 【扫描】属性管理器

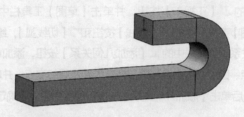

图 3-102 完成扫描凸台 / 基体特征的绘制

（7）单击扫描凸台 / 基体的上表面，使其成为草图 3 的绘制平面。单击 🔲【视图定向】下拉图标中的 ↓【正视于】按钮，并单击【草图】工具栏中的 └【草图绘制】按钮，进入草图绘制状态。单击【草图】工具栏中的 回【中心矩形】按钮，绘制草图 3，如图 3-103 所示。

（8）单击【草图】工具栏中的 ✏【智能尺寸】按钮，标注草图 3 的尺寸，双击退出草图绘制状态，如图 3-104 所示。

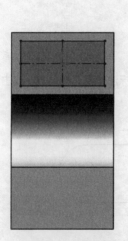

图 3-103 绘制草图 3

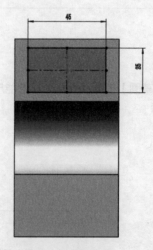

图 3-104 标注草图 3 的尺寸

（9）选择【插入】|【切除】|【扫描】命令，在弹出的【切除–扫描】属性管理器中，按图 3-105 所示进行参数设置。最后单击【切除–扫描】属性管理器中的 ✔【确定】按钮，完成扫描切除特征的绘制，如图 3-106 所示。

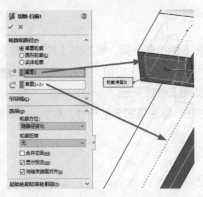

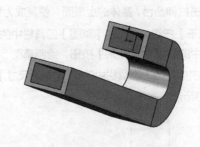

图 3-105　选择扫描的轮廓和路径　　　　图 3-106　完成扫描切除特征的绘制

3.12.3　建立辅助部分

（1）单击扫描凸台 / 基体的上表面，使其成为草图 4 的绘制平面。单击【视图定向】下拉图标中的【正视于】按钮，并单击【草图】工具栏中的【草图绘制】按钮，进入草图绘制状态。单击【草图】工具栏中的【边角矩形】按钮，绘制草图 4，如图 3-107 所示。

（2）单击【草图】工具栏中的【智能尺寸】按钮，标注草图 4 的尺寸，双击退出草图绘制状态，如图 3-108 所示。

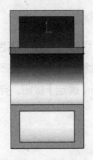

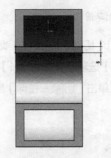

图 3-107　绘制草图 4　　　　　图 3-108　标注草图 4 的尺寸

（3）选择【插入】|【凸台 / 基体】|【拉伸】命令，弹出【凸台 - 拉伸】属性管理器，在【从】选项组中选择【草图基准面】选项，在【方向 1】选项组中选择【终止条件】的【给定深度】选项，在【深度】文本框中输入【80.00mm】，并勾选【合并结果】选项，如图 3-109 所示。最后单击【凸台 - 拉伸】属性管理器中的【确定】按钮，完成拉伸凸台 / 基体特征的绘制，如图 3-110 所示。

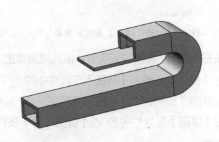

图 3-109　【凸台 - 拉伸】属性管理器　　　图 3-110　完成拉伸凸台 / 基体特征的绘制

3.12.4 建立切口部分

（1）单击拉伸凸台 / 基体的上表面，使其成为草图 5 的绘制平面。单击 🎛【视图定向】下拉图标中的 ↓【正视于】按钮，并单击【草图】工具栏中的 ▱【草图绘制】按钮，进入草图绘制状态。单击【草图】工具栏中的 ▣【中心矩形】按钮，绘制草图 5，如图 3-111 所示。

（2）单击【草图】工具栏中的 ◈【智能尺寸】按钮，标注草图 5 的尺寸，双击退出草图绘制状态，如图 3-112 所示。

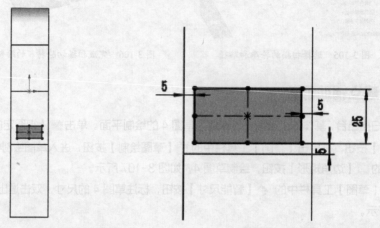

图 3-111　绘制草图 5　　　　　　　图 3-112　标注草图 5 的尺寸

（3）选择【插入】|【切除】|【拉伸】命令，在弹出的【切除 - 拉伸】属性管理器中的【从】选项组中选择【草图基准面】选项，在【方向 1】选项组中的 ▣【终止条件】中选择【成形到下一面】选项，如图 3-113 所示。最后单击【切除 - 拉伸】属性管理器中的 ✔【确定】按钮，完成拉伸切除特征的绘制，如图 3-114 所示。

图 3-113　【切除 - 拉伸】属性管理器　　　图 3-114　完成拉伸切除特征的绘制

（4）单击扫描凸台 / 基体的下表面，使其成为草图 6 的绘制平面。单击 🎛【视图定向】下拉图标中的 ↓【正视于】按钮，并单击【草图】工具栏中的 ▱【草图绘制】按钮，进入草图绘制状态。单击【草图】工具栏中的 ▱【边角矩形】按钮，绘制草图 6，如图 3-115 所示。

（5）单击【草图】工具栏中的 ◈【智能尺寸】按钮，标注草图 6 的尺寸，双击退出草图绘制状态，如图 3-116 所示。

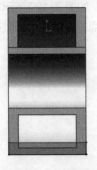

图 3-115　绘制草图 6

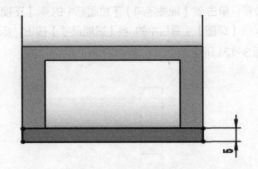

图 3-116　标注草图 6 的尺寸

（6）选择【插入】|【凸台/基体】|【拉伸】命令，弹出【凸台－拉伸】属性管理器，在【从】选项组中选择【草图基准面】选项，在【方向1】选项组中选择 ☒【终止条件】的【给定深度】选项，在 ☒【深度】文本框中输入【80.00mm】，并勾选【合并结果】选项，如图 3-117 所示。最后单击【凸台－拉伸】属性管理器中的 ✓【确定】按钮，完成拉伸凸台/基体特征的绘制，如图 3-118 所示。

图 3-117　【凸台 - 拉伸】属性管理器

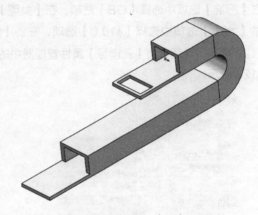

图 3-118　完成拉伸凸台/基体特征的绘制

3.12.5　建立孔部分

（1）单击【特征】工具栏中的 ⚙【异型孔向导】按钮，在弹出的【孔向导】属性管理器中首先单击 🔧【位置】选项卡，如图 3-119 所示。

图 3-119　【孔向导】属性管理器的【位置】选项卡

（2）单击拉伸凸台/基体的上表面，使其成为绘制孔位置的平面，并且在该平面上单击两点，作为绘制孔的位置，单击【视图定向】下拉图标中的【正视于】按钮，如图 3-120 所示。

（3）单击【草图】工具栏中的【智能尺寸】按钮，标注所绘制点的位置尺寸，双击退出草图绘制状态，如图 3-121 所示。

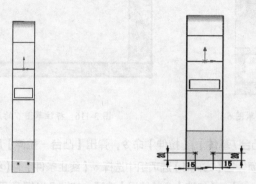

图 3-120 选择孔位置　　　　　　图 3-121 标注点的位置尺寸

（4）在【孔向导】属性管理器中单击【类型】选项卡，在【孔类型】选项组中选择【孔】选项，在【标准】选项中选择【GB】选项，在【类型】选项中选择【暗销孔】选项，在【孔规格】选项组的【大小】选项中选择【φ10.0】选项，在【终止条件】选项中选择【完全贯穿】选项，如图 3-122 所示。最后单击【孔向导】属性管理器中的【确定】按钮，完成孔向导特征的绘制，如图 3-123 所示。

图 3-122 【孔向导】属性管理器的【类型】选项卡　　　　图 3-123 完成孔向导特征的绘制

至此，模型已经制作完成。

本章小结

三维建模的命令使用方法如下。

（1）拉伸特征：选择草图绘制平面，绘制二维封闭草图，选择【拉伸】命令，设置拉伸参数，单击【确定】按钮。

（2）旋转特征：选择草图绘制平面，绘制二维封闭草图及中心线，选择【旋转】命令，设置旋转参数，单击【确定】按钮。

（3）扫描特征：在两个不平行的平面上绘制两个草图，一个作为扫描轮廓，另一个作为扫描路径，选择【扫描】命令，设置扫描参数，单击【确定】按钮。

（4）放样特征：选择【放样】命令，选择两个及以上的曲线或边线，设置放样参数，单击【确定】按钮。

（5）筋特征：选择草图绘制平面，绘制草图，选择【筋】命令，设置厚度参数，单击【确定】按钮。

（6）孔特征：设置孔参数，在模型上选择一点作为孔的中心点，单击【确定】按钮。

（7）圆角特征：设置圆角半径，选择需要圆角的边线，单击【确定】按钮。

（8）倒角特征：设置倒角参数，选择需要倒角的边线，单击【确定】按钮。

（9）抽壳特征：设置抽壳参数，选择需要抽壳的表面，单击【确定】按钮。

课后习题

作业

利用【拉伸凸台/基体】【拉伸切除】【筋】等特征建立支腿三维模型，如图 3-124 所示，模型尺寸如图 3-125 所示。

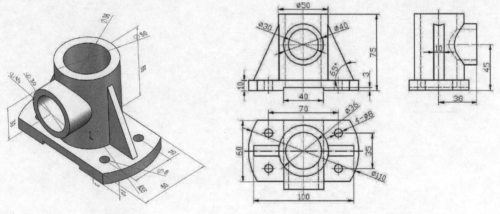

图 3-124 支腿模型　　　　　　　　　　　图 3-125 尺寸图

解题思路

（1）使用【拉伸凸台/基体】和【拉伸切除】命令绘制图形大体轮廓，如图 3-126 所示。

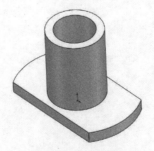

图 3-126 大体轮廓

（2）使用【拉伸凸台／基体】和【拉伸切除】命令绘制前端凸台，如图 3-127 所示。

（3）使用【筋】命令生成筋特征，如图 3-128 所示。

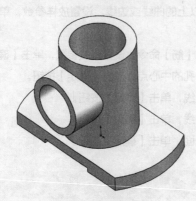

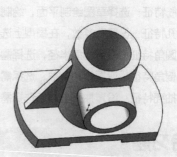

图 3-127　前端凸台　　　　　　　　　　　　图 3-128　生成筋特征

（4）使用【筋】命令和【拉伸切除】命令生成其余部分。

第 **4** 章

三维高级特征

学习目标

知识点

◇ 理解特征阵列的操作方法。

◇ 掌握高级三维特征的使用方法。

技能点

◇ 利用三维建模的高级命令建立复杂的三维模型。

◇ 利用特征编辑命令对已有的三维模型进行修改。

4.1 特征阵列

特征阵列包括线性阵列、圆周阵列、曲线驱动的阵列、草图驱动的阵列和表格驱动的阵列等。选择【插入】|【阵列/镜向】命令，弹出特征阵列的菜单，如图4-1所示。

图4-1 特征阵列的菜单

4.1.1 线性阵列

特征的线性阵列是在一个或者几个方向上生成多个指定的源特征。

单击【特征】工具栏中的 ❢❢【线性阵列】按钮，或者选择【插入】|【阵列/镜向】|【线性阵列】命令，弹出【线性阵列】属性管理器，如图4-2所示。

👆 **生成特征线性阵列的操作方法**

（1）打开【本书电子资源\4\知识点讲解模型\4.1.1】文件，如图4-3所示。

图4-2 【线性阵列】属性管理器

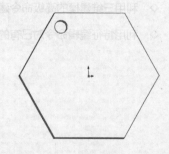

图4-3 实例素材

（2）单击【特征】工具栏中的 ❢❢【线性阵列】按钮，或者选择【插入】|【阵列/镜向】|【线性阵列】命令，弹出【线性阵列】属性管理器。在【方向1】选项组中，单击 ❖【阵列方向】选择框，选择六边形体的下平面，按图4-4所示进行参数设置。单击 ✓【确定】按钮，生成线性阵列特征，如图4-5所示。

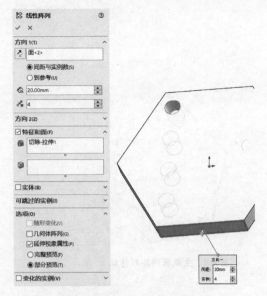

图 4-4 【线性阵列】属性管理器

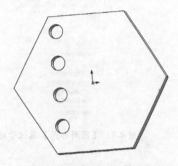

图 4-5 生成线性阵列特征

4.1.2 圆周阵列

特征的圆周阵列是将源特征围绕指定的轴线复制出多个特征。

单击【特征】工具栏中的 ✥【圆周阵列】按钮，或者选择【插入】|【阵列/镜向】|【圆周阵列】命令，弹出【圆周阵列】属性管理器，如图 4-6 所示。

👆 生成特征圆周阵列的操作方法

（1）打开【本书电子资源 \4\ 知识点讲解模型 \4.1.2】文件，如图 4-7 所示。

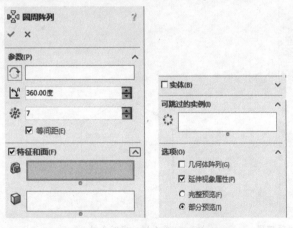

图 4-6 【圆周阵列】属性管理器

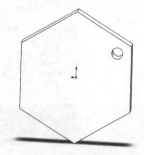

图 4-7 实例素材

（2）单击【特征】工具栏中的 ✥【线性阵列】的下拉按钮，选择 ✥【圆周阵列】或者选择【插入】|【阵列/镜向】|【圆周阵列】命令，弹出【圆周阵列】属性管理器。在【方向 1】选项组中，单击 ◎【阵列方向】选择框，选择圆孔所在面【面 <2>】，◪【角度】设置为【30.00 度】，✳【实例数】设置为【12】；在【特征和面】选项组中，单击 ◉【要阵列的特征】选择框，选择【切除 - 拉伸 1】，如图 4-8 所示。单击 ✓【确定】按钮，生成圆周阵列特征，如图 4-9 所示。

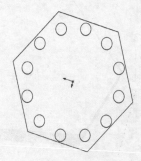

图 4-8 【圆周阵列】属性管理器　　　图 4-9 生成圆周阵列特征

4.1.3 表格驱动的阵列

　　【表格驱动的阵列】命令可以使用 x、y 坐标来对指定的源特征进行阵列。使用 x、y 坐标的孔阵列是【表格驱动的阵列】的常见应用，但也可以使用其他源特征（如凸台等）。

　　选择【插入】|【阵列/镜向】|【表格驱动的阵列】命令，弹出【由表格驱动的阵列】属性管理器，如图 4-10 所示。

✋ 生成表格驱动的阵列的操作方法

　　（1）打开【本书电子资源\4\知识点讲解模型\4.1.3】文件，如图 4-11 所示。

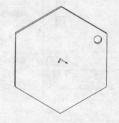

图 4-10 【由表格驱动的阵列】属性管理器　　　图 4-11 实例素材

　　（2）单击【特征】工具栏中的 ⚙【参考几何体】下拉按钮，选择 ↳【坐标系】，或者选择【插入】|【参考几何体】|【坐标系】命令，弹出【坐标系】属性管理器。在【选择】选项组中，选择圆孔附近的一顶点为原点，【X 轴】选择为圆孔所在平面的一条边，【Y 轴】选择为圆孔所在平面的另一条边，如果发现坐标系不沿着实体方向，可以单击 ↗【反向】按钮，如图 4-12 所示。单击 ✓【确定】按钮，生成坐标系特征，如图 4-13 所示。

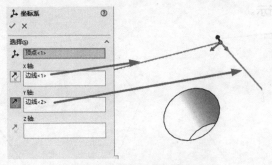

图 4-12 【坐标系】属性管理器

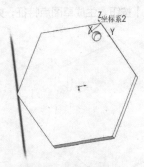

图 4-13 生成坐标系特征

（3）单击【特征】工具栏中的 ▓▓【线性阵列】下拉按钮，选择▓▓【表格驱动的阵列】，或者选择【插入】|【线性阵列】|【表格驱动的阵列】命令，弹出【由表格驱动的阵列】属性管理器，按图 4-14 所示进行参数设置。单击【确定】按钮，生成由表格驱动的阵列特征，如图 4-15 所示。

图 4-14 【由表格驱动的阵列】属性管理器

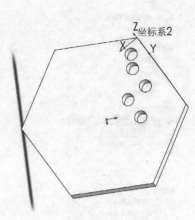

图 4-15 生成由表格驱动的阵列特征

4.1.4 草图驱动的阵列

草图驱动的阵列是通过草图中的特征点复制源特征的一种阵列方式。

选择【插入】|【阵列/镜向】|【草图驱动的阵列】命令，弹出【由草图驱动的阵列】属性管理器，如图 4-16 所示。

👆 生成草图驱动的阵列的操作方法

（1）打开【本书电子资源 \4\ 知识点讲解模型 \4.1.4】文件，如图 4-17 所示。

（2）单击【草图】工具栏中的 ▢【草图绘制】下拉按钮，选择模型的上表面。在【草图】工具栏中，单击 ▪【点】按钮，然后在草图绘制界面上绘制几个点，如图 4-18 所示。单击【退

图 4-16 【由草图驱动的阵列】属性管理器

出草图】按钮，生成草图点特征，如图 4-19 所示。

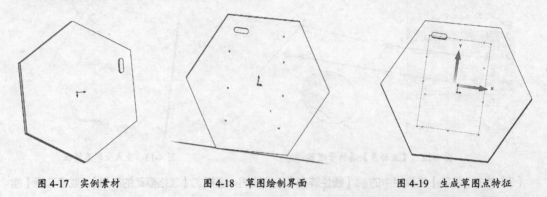

图 4-17　实例素材　　　　　　图 4-18　草图绘制界面　　　　　　图 4-19　生成草图点特征

（3）单击【特征】工具栏中的 ⊞【线性阵列】下拉按钮，选择 ⚌【草图驱动的阵列】，或者选择【插入】|【线性阵列】|【草图驱动的阵列】命令，弹出【由草图驱动的阵列】属性管理器。按图 4-20 所示进行参数设置。单击 ✔【确定】按钮，生成由草图驱动的阵列特征，如图 4-21所示。

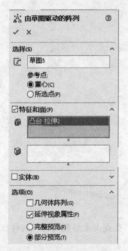

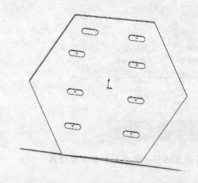

图 4-20　【由草图驱动的阵列】属性管理器　　　　图 4-21　生成由草图驱动的阵列特征

4.1.5　曲线驱动的阵列

曲线驱动的阵列是通过草图中的平面或者 3D 曲线复制源特征的一种阵列方式。

选择【插入】|【阵列/镜向】|【曲线驱动的阵列】命令，弹出【曲线驱动的阵列】属性管理器，如图 4-22 所示。

🖐 **生成曲线驱动的阵列的操作方法**

（1）打开【本书电子资源 \4\ 知识点讲解模型 \4.1.5】文件，如图 4-23 所示。

（2）单击【特征】工具栏中的 ℧【曲线】下拉按钮，选择【螺旋线 / 涡状线】，或者选择【插入】|【曲线】|【螺旋线 / 涡状线】命令，弹出【螺旋线 / 涡状线】属性管理器，选择实例零件的上表面，进入草图绘制状态。在【草图】工具栏中，单击 ⊙【圆】按钮，然后绘制一个圆，如图 4-24 所示。单击 【退

出草图】按钮，进入【螺旋线 / 涡状线】属性管理器，按图 4-25 所示进行参数设置。单击 ✓【确定】按钮，
生成螺旋线 / 涡状线特征，如图 4-26 所示。

图 4-22 【曲线驱动的阵列】属性管理器

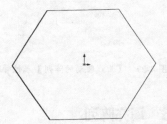

图 4-23 实例素材

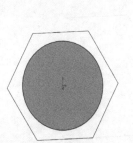

图 4-24 绘制圆

图 4-25 【螺旋线 / 涡状线】属性管理器

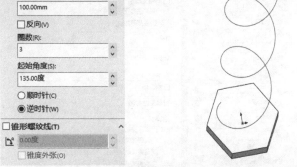

图 4-26 生成螺旋线 / 涡状线特征

（3）单击【特征】工具栏中的 🔲【线性阵列】下拉按钮，选择 ❖【曲线驱动的阵列】，或者选择
【插入】|【线性阵列】|【曲线驱动的阵列】命令，弹出【曲线驱动的阵列】属性管理器。在【方向 1】
选项组中，单击刚生成的螺旋线，按图 4-27 所示进行参数设置。单击 ✓【确定】按钮，生成曲线驱
动的阵列特征，如图 4-28 所示。

图 4-27 【曲线驱动的阵列】属性管理器

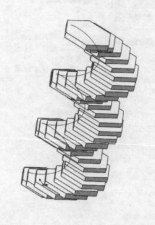

图 4-28 生成曲线驱动的阵列特征

4.1.6 填充阵列

填充阵列是在限定的实体平面或者草图区域进行阵列复制。

选择【插入】|【阵列/镜向】|【填充阵列】命令，弹出【填充阵列】属性管理器，如图 4-29 所示。

👆 生成填充阵列的操作方法

（1）打开【本书电子资源 \4\ 知识点讲解模型 \4.1.6】文件，如图 4-30 所示。

图 4-29 【填充阵列】属性管理器

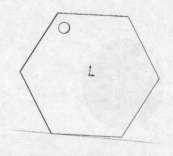

图 4-30 实例素材

（2）单击【特征】工具栏中的 🔡【线性阵列】下拉按钮，选择 🔳【填充阵列】，或者选择【插入】|【线性阵列】|【填充阵列】命令，弹出【填充阵列】属性管理器。按图 4-31 所示进行参数设置。单击 ✓【确定】按钮，生成填充阵列特征，如图 4-32 所示。

图 4-31 【填充阵列】属性管理器

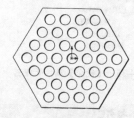

图 4-32 生成填充阵列特征

4.2 镜像特征

镜像特征是沿面或者基准面镜像生成一个特征（或者多个特征）的复制操作。

单击【特征】工具栏中的 ↔【镜向】按钮，或者选择【插入】|【阵列/镜向】|【镜向】命令，弹出【镜向】属性管理器，如图 4-33 所示。

☞ **生成镜像特征的操作方法**

（1）打开【本书电子资源 \4\ 知识点讲解模型 \4.2】文件，如图 4-34 所示。

图 4-33 【镜向】属性管理器

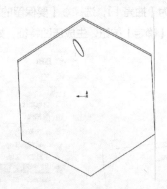

图 4-34 实例素材

（2）单击【特征】工具栏中的 ↔【镜向】按钮，或者选择【插入】|【阵列/镜向】|【镜向】命令，弹出【镜向】属性管理器。在【镜向面/基准面】选项组中，选择【右视基准面】；在【要镜向的特征】选项组中，选择【凸台 - 拉伸 3】，如图 4-35 所示。单击 ✔【确定】按钮，生成镜像特征，如图 4-36 所示。

图 4-35 【镜向】属性管理器

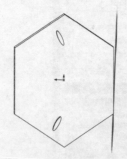

图 4-36 生成镜像特征

4.3 压凹特征

压凹特征是通过使用厚度和间隙生成的特征，其应用包括封装、冲印、铸模及机器的压入配合等。
具体操作为根据所选实体类型，指定目标实体和工具实体之间的间隙数
值，并为压凹特征指定厚度数值。

选择【插入】|【特征】|【压凹】命令，弹出【压凹】属性管理器，
如图 4-37 所示。

图 4-37 【压凹】属性管理器（1）

👆 生成压凹特征的操作方法

（1）打开【本书电子资源 \4\ 知识点讲解模型 \4.3】文件，如图 4-38
所示。

（2）单击【特征】工具栏中的 🔘【压凹】按钮，或者选择【插入】|【特
征】|【压凹】命令，弹出【压凹】属性管理器。在【选择】选项组中，选
择🔘【目标实体】为【抽壳1】，选择🔘【要保留的工具实体区域】圆环上的一点，按图 4-39 所示进行
参数设置。单击✓【确定】按钮，生成压凹特征，如图 4-40 所示。

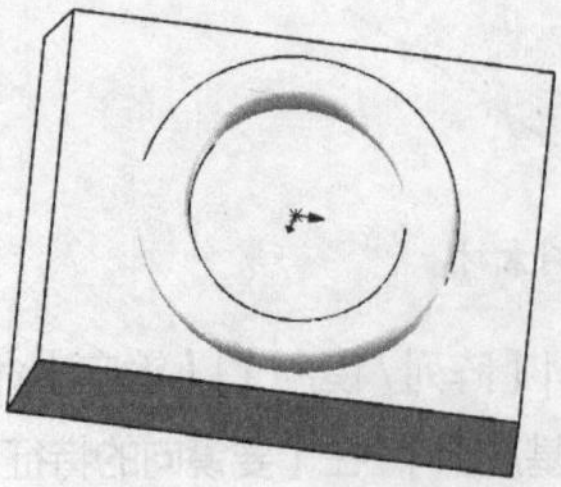

图 4-38 实例素材

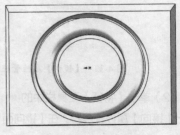

图 4-39 【压凹】属性管理器（2）

图 4-40 生成压凹特征

4.4 圆顶特征

圆顶特征可以在同一模型上同时生成一个或者多个圆顶。

选择【插入】|【特征】|【圆顶】命令，弹出【圆顶】属性管理器，如图4-41所示。

✋ **生成圆顶特征的操作方法**

（1）打开【本书电子资源\4\知识点讲解模型\4.4】文件，如图4-42所示。

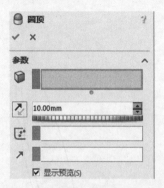

图4-41　【圆顶】属性管理器（1）

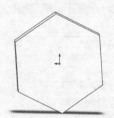

图4-42　实例素材

（2）单击【特征】工具栏中的 ⊜【圆顶】按钮，或者选择【插入】|【特征】|【圆顶】命令，弹出【圆顶】属性管理器。在【参数】选项组中，选择 ⊕【到圆顶的面】中【面 <1>】为实例素材的上平面，按图4-43所示进行参数设置，单击 ✓【确定】按钮，生成圆顶特征，如图4-44所示。

图4-43　【圆顶】属性管理器（2）

图4-44　生成圆顶特征

4.5 变形特征

变形特征是改变复杂曲面和实体模型的局部或者整体形状的一种特征，无须考虑用于生成模型的草图或者特征约束。

变形有3种类型，包括【点】【曲线到曲线】和【曲面推进】。

选择【插入】|【特征】|【变形】命令，弹出【变形】属性管理器。在【变形类型】选项组中，选中【点】单选按钮，如图4-45所示。

👆 **生成变形特征的操作方法**

（1）打开【本书电子资源 \4\ 知识点讲解模型 \4.5】文件，如图 4-46 所示。

（2）单击【特征】工具栏中的 ◉ 【变形】按钮，或者选择【插入】|【特征】|【变形】命令，弹出【变形】属性管理器。在【变形类型】选项组中，选中【点】单选按钮；在【变形点】选项组中，选择模型侧边的一个点，按图 4-47 所示进行参数设置。单击 ✓ 【确定】按钮，生成变形特征，如图 4-48 所示。

图 4-45　选中【点】单选按钮后的属性设置　　　图 4-46　选中【曲面推进】单选按钮后的属性设置

图 4-47　【变形】属性管理器　　　图 4-48　生成变形特征

4.6 弯曲特征

弯曲特征以直观的方式对复杂的模型进行变形。

选择【插入】|【特征】|【弯曲】命令，弹出【弯曲】属性管理器。在【弯曲输入】选项组中，

选中【折弯】单选按钮，如图 4-49 所示。

图 4-49 选中【折弯】单选按钮

🖑 生成弯曲特征的操作方法

（1）打开【本书电子资源 \4\ 知识点讲解模型 \4.6】文件，如图 4-50 所示。

（2）单击【特征】工具栏中的 ⑧【弯曲】按钮，或者选择【插入】|【特征】|【弯曲】命令，弹出【弯曲】属性管理器。在【弯曲输入】选项组中，选择 ⑧【弯曲的实体】中的【切除 - 拉伸 1】为实例素材，按图 4-51 所示进行参数设置。单击 ✓【确定】按钮，生成弯曲特征，如图 4-52 所示。

图 4-50 实例素材　　图 4-51 【弯曲】属性管理器　　图 4-52 生成弯曲特征

4.7 拔模特征

拔模特征是用指定的角度斜削模型中所选的面，使型腔零件更容易脱出模具。可以在现有的零件中插入拔模，或者在进行拉伸特征时拔模，也可以将拔模应用到实体或者曲面模型中。

在【手工】选项卡中，可以指定拔模类型，包括【中性面】【分型线】和【阶梯拔模】。

选择【插入】|【特征】|【拔模】命令，弹出【拔模】属性管理器。在【拔模类型】选项组中，选中【中性面】单选按钮，如图4-53所示。

✋ **生成拔模特征的操作方法**

（1）打开【本书电子资源\4\知识点讲解模型\4.7】文件，如图4-54所示。

图4-53 选中【中性面】单选按钮后的属性设置

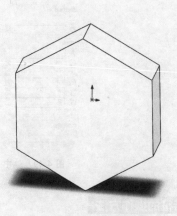

图4-54 实例素材

（2）单击【特征】工具栏中的 ▧【拔模】按钮，或者选择【插入】|【特征】|【拔模】命令，弹出【拔模】属性管理器。在【中性面】选项组中，选择模型的底面；在【拔模面】选项组中，选择模型的6个侧面，按图4-55所示进行参数设置。单击✓【确定】按钮，生成拔模特征，如图4-56所示。

图4-55 【拔模】属性管理器

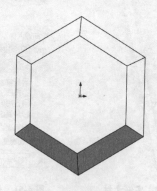

图4-56 生成拔模特征

4.8 课堂练习

本节以法兰盘模型为例，介绍实体特征编辑命令的使用方法，三维模型如图4-57所示。

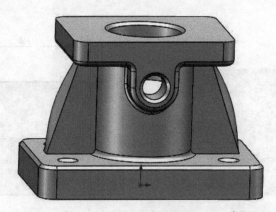

图 4-57 法兰盘模型

接下来讲述具体操作步骤。

4.8.1 新建 SolidWorks 零件并保存文件

（1）启动中文版 SolidWorks 2022，单击【文件】工具栏中的 【新建】按钮，弹出【新建 SOLIDWORKS 文件】对话框，单击 【零件】按钮，单击【确定】按钮，如图 4-58 所示。

（2）选择【文件】|【另存为】命令，弹出【另存为】对话框，在【文件名】文本框中输入【法兰盘零件】，单击【保存】按钮，如图 4-59 所示。

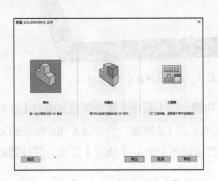

图 4-58 【新建 SOLIDWORKS 文件】对话框

图 4-59 【另存为】对话框

4.8.2 建立基体部分

（1）单击【特征管理器设计树】中的【上视基准面】按钮，使上视基准面成为草图绘制平面。单击 【视图定向】下拉图标中的 【正视于】按钮，并单击【草图】工具栏中的 【草图绘制】按钮，进入草图绘制状态。单击【草图】工具栏中的 【中心矩形】按钮，绘制草图，如图 4-60 所示。

（2）单击【草图】工具栏中的 【智能尺寸】按钮，标注草图的尺寸，双击退出草图绘制状态，如图 4-61 所示。

（3）选择【插入】|【凸台 / 基体】|【拉伸】命令，在弹出的【凸台 - 拉伸】属性管理器中按图 4-62 所示进行参数设置。最后单击【凸台 - 拉伸】属性管理器中的 【确定】按钮，完成拉伸凸台 / 基体特征，

如图 4-63 所示。

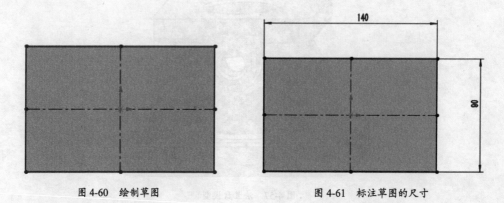

图 4-60　绘制草图　　　　　　　　　　图 4-61　标注草图的尺寸

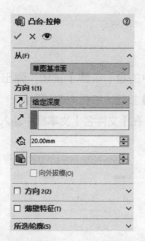

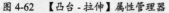

图 4-62　【凸台 - 拉伸】属性管理器　　　　图 4-63　完成拉伸凸台 / 基体特征

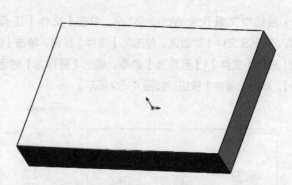

（4）单击【特征】工具栏中的 【圆角】按钮，在弹出的【圆角】属性管理器中的【圆角类型】选项组中选择 【恒定大小半径】，单击 【要圆角化的项目】选择框，选择图 4-64 所示的 4 条边，按图 4-65 所示进行参数设置。最后单击【圆角】属性管理器中的 ✓【确定】按钮，完成圆角特征，如图 4-66 所示。

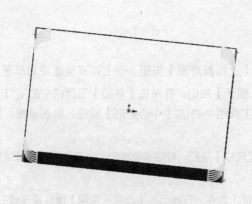

图 4-64　选择要圆角化的边线　　　　　　图 4-65　【圆角】属性管理器

（5）单击【特征】工具栏中的 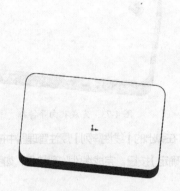【倒角】按钮，弹出【倒角】属性管理器，在【倒角类型】选项中选择 【角度距离】选项，单击 【要倒角化的项目】选择框，选择拉伸凸台 / 基体的上表面，在选择框中显示为【面 <1>】，按图 4-67 所示进行参数设置。最后单击【倒角】属性管理器中的 ✓【确定】按钮，完成倒角特征，如图 4-68 所示。

图 4-66　完成圆角特征

图 4-67　【倒角】属性管理器

（6）单击【特征】工具栏中的 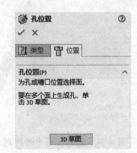【异型孔向导】按钮，在弹出的【孔向导】属性管理器中单击 【位置】选项卡，如图 4-69 所示。

图 4-68　完成倒角特征

图 4-69　【孔向导】属性管理器的【位置】选项卡

（7）单击拉伸凸台 / 基体的上表面，使其成为绘制孔位置的平面，并且在该平面上单击一点，作为绘制孔的位置，单击 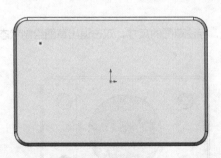【视图定向】下拉图标中的 【正视于】按钮，如图 4-70 所示。

（8）单击【草图】工具栏中的 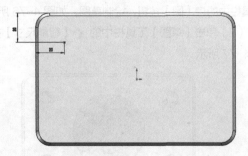【智能尺寸】按钮，标注所绘制点的位置尺寸，如图 4-71 所示。

图 4-70　选择孔位置

图 4-71　标注点的位置尺寸

（9）在【孔向导】属性管理器中单击 【类型】选项卡，按图 4-72 所示进行参数设置。最后单击【孔向导】属性管理器中的 ✓【确定】按钮，完成孔向导特征，如图 4-73 所示。

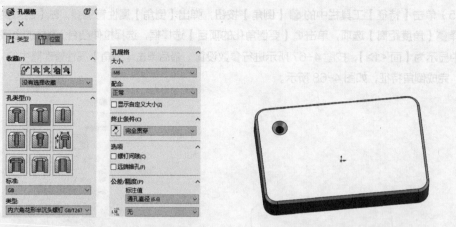

图 4-72 【孔向导】属性管理器的【类型】选项卡

图 4-73 完成孔向导特征

（10）选择【插入】|【阵列/镜向】|【线性阵列】命令，在弹出的【线性阵列】属性管理器中按图 4-74 所示进行参数设置。最后单击【线性阵列】属性管理器中的 ✔【确定】按钮，完成线性阵列特征，如图 4-75 所示。

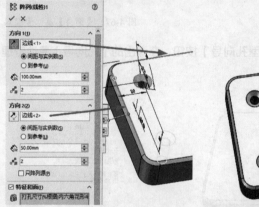

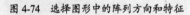

图 4-74 选择图形中的阵列方向和特征

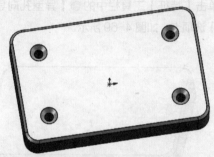

图 4-75 完成线性阵列的特征

4.8.3 建立支撑部分

（1）单击拉伸凸台/基体的上表面，使其成为草图的绘制平面。单击 🖳【视图定向】下拉图标中的 ↧【正视于】按钮，并单击【草图】工具栏中的 └【草图绘制】按钮，进入草图绘制状态。单击【草图】工具栏中的 ⊙【圆】按钮，绘制草图，如图 4-76 所示。

（2）单击【草图】工具栏中的 ◆【智能尺寸】按钮，标注草图的尺寸，双击退出草图绘制状态，如图 4-77 所示。

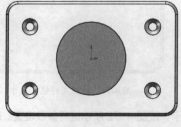

图 4-76 绘制草图

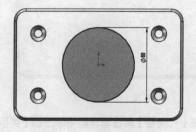

图 4-77 标注草图的尺寸

（3）选择【插入】|【凸台/基体】|【拉伸】命令，在弹出的【凸台－拉伸】属性管理器中按图4-78所示进行参数设置。最后单击【凸台－拉伸】属性管理器中的 ✓【确定】按钮，完成拉伸凸台/基体特征，如图4-79所示。

图4-78　【凸台-拉伸】属性管理器

图4-79　完成拉伸凸台/基体特征

（4）单击拉伸凸台/基体的上表面，使其成为草图的绘制平面。单击 💾【视图定向】下拉图标中的 ⬇【正视于】按钮，并单击【草图】工具栏中的 ⌐【草图绘制】按钮，进入草图绘制状态。单击【草图】工具栏中的 ▣【中心矩形】按钮，绘制草图，如图4-80所示。

（5）单击【草图】工具栏中的 ↖【智能尺寸】按钮，标注草图的尺寸，双击退出草图绘制状态，如图4-81所示。

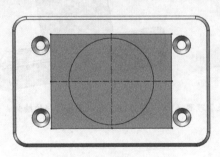

图4-80　绘制草图

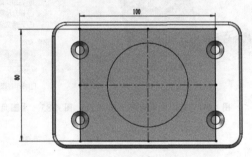

图4-81　标注草图的尺寸

（6）选择【插入】|【凸台/基体】|【拉伸】命令，在弹出的【凸台－拉伸】属性管理器中按图4-82所示进行参数设置。最后单击【凸台－拉伸】属性管理器中的 ✓【确定】按钮，完成拉伸凸台/基体特征，如图4-83所示。

（7）单击【特征】工具栏中的 ☝【圆角】按钮，在弹出的【圆角】属性管理器中的【圆角类型】选项组中选择 ⌐【恒定大小半径】，单击 ☝【要圆角化的项目】选择框，选择图4-84所示的圆柱面，按图4-85所示进行参数设置。最后单击【圆角】属性管理器中的 ✓【确定】按钮，完成圆角特征的绘制，如图4-86所示。

（8）单击【特征】工具栏中的 ☝【圆角】按钮，在弹出的【圆角】属性管理器中的【圆角类型】选项组中选择 ⌐【恒定大小半径】，单击 ☝【要圆角化的项目】选择框，选择图4-87所示的边线，按图4-88所示进行参数设置。最后单击【圆角】属性管理器中的 ✓【确定】按钮，完成圆角特征，如图4-89所示。

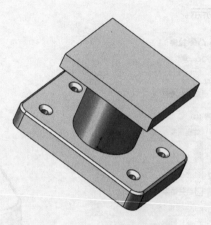

图 4-82　【凸台 - 拉伸】属性管理器　　　　图 4-83　完成拉伸凸台 / 基体特征

图 4-84　选择要圆角化的面　　图 4-85　【圆角】属性管理器（1）　　图 4-86　完成圆角特征的绘制

图 4-87　选择要圆角化的边线　　图 4-88　【圆角】属性管理器（2）　　图 4-89　完成圆角特征

4.8.4　建立中心孔部分

（1）单击拉伸凸台 / 基体的上表面，使其成为草图的绘制平面。单击 ■【视图定向】下拉图标中的 ↓【正视于】按钮，并单击【草图】工具栏中的 ⌐【草图绘制】按钮，进入草图绘制状态。单击【草图】工具栏中的 ⊙【圆】按钮，绘制草图，如图 4-90 所示。

（2）单击【草图】工具栏中的 ✎【智能尺寸】按钮，标注草图的尺寸，双击退出草图绘制状态，如图 4-91 所示。

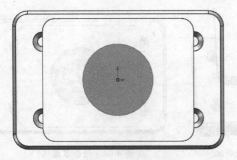

图 4-90　绘制草图（1）

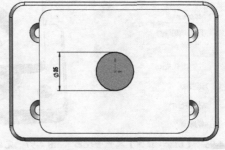

图 4-91　标注草图的尺寸（1）

（3）选择【插入】|【切除】|【拉伸】命令，在弹出的【切除 - 拉伸】属性管理器中按图 4-92 所示进行参数设置。最后单击【切除 - 拉伸】属性管理器中的 ✓【确定】按钮，完成拉伸切除特征，如图 4-93 所示。

（4）单击拉伸凸台 / 基体的上表面，使其成为草图的绘制平面。单击 ■【视图定向】下拉图标中的 ↓【正视于】按钮，并单击【草图】工具栏中的 ⌐【草图绘制】按钮，进入草图绘制状态。单击【草图】工具栏中的 ⊙【圆】按钮，绘制草图，如图 4-94 所示。

（5）单击【草图】工具栏中的 ✎【智能尺寸】按钮，标注草图的尺寸，双击退出草图绘制状态，如图 4-95 所示。

图 4-92　【切除 - 拉伸】属性管理器

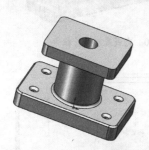

图 4-93　完成拉伸切除特征

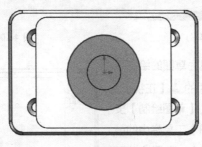

图 4-94　绘制草图（2）

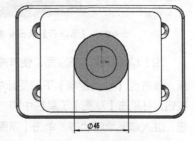

图 4-95　标注草图的尺寸（2）

（6）选择【插入】|【切除】|【拉伸】命令，在弹出的【切除 - 拉伸】属性管理器中按图 4-96 所示进行参数设置。最后单击【切除 - 拉伸】属性管理器中的 ✓【确定】按钮，完成拉伸切除特征，如图 4-97 所示。

（7）单击拉伸切除面，使其成为草图的绘制平面。单击 ■【视图定向】下拉图标中的 ↓【正视于】按钮，并单击【草图】工具栏中的 ⌐【草图绘制】按钮，进入草图绘制状态。单击【草图】工具栏中的 ⊙

【圆】按钮，绘制草图，并且与孔重合，如图 4-98 所示。

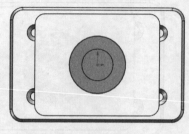

图 4-96　【切除 - 拉伸】属性管理器　　图 4-97　完成拉伸切除特征　　　　　图 4-98　绘制草图（1）

（8）单击【特征】工具栏中的【参考几何体】按钮，然后单击 ▥【基准面】按钮，在弹出的【基准面】属性管理器中按图 4-99 所示进行参数设置。最后单击【基准面】属性管理器中的 ✓【确定】按钮，完成基准面特征，如图 4-100 所示。

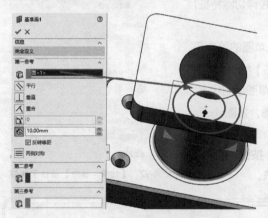

图 4-99　【基准面】属性管理器　　　　　　　　　图 4-100　完成基准面特征

（9）单击新建的基准面，使其成为草图的绘制平面。单击 ▦【视图定向】下拉图标中的 ↧【正视于】按钮，并单击【草图】工具栏中的 ▭【草图绘制】按钮，进入草图绘制状态。单击【草图】工具栏中的 ◉【圆】按钮，绘制草图，并且与孔重合，如图 4-101 所示。

（10）选择【插入】|【切除】|【放样】命令，在弹出的【切除 - 放样】属性管理器中按图 4-102 所示进行参数设置。单击【切除 - 放样】属性管理器中的 ✓【确定】按钮，如图 4-103 所示。

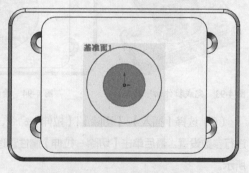

图 4-101　绘制草图（2）

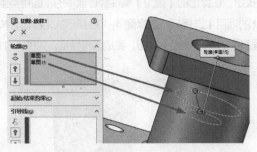

图 4-102　选择放样的轮廓

图 4-103　完成放样切除特征

4.8.5　建立辅助部分

（1）单击图形的前表面，使其成为草图的绘制平面。单击 ■【视图定向】下拉图标中的 ↓【正视于】按钮，并单击【草图】工具栏中的 ⊏【草图绘制】按钮，进入草图绘制状态。单击【草图】工具栏中的 ▣【边角矩形】按钮，绘制草图，如图 4-104 所示。

（2）单击【草图】工具栏中的 ◈【智能尺寸】按钮，标注草图的尺寸，如图 4-105 所示。

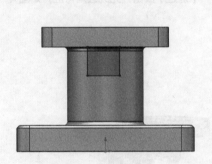

图 4-104　绘制草图

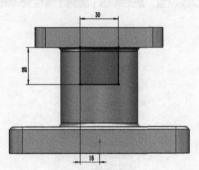

图 4-105　标注草图的尺寸

（3）选择【插入】|【凸台/基体】|【拉伸】命令，在弹出的【凸台-拉伸】属性管理器中的【从】选项组中选择【草图基准面】选项，在【方向 1】选项组中的 ☑【终止条件】中选择【成形到一面】选项，单击 ◈【面/平面】选择框，选择图 4-106 所示的圆柱面，按图 4-107 所示进行参数设置。最后单击【凸台-拉伸】属性管理器中的 ✓【确定】按钮，完成拉伸凸台/基体特征的绘制，如图 4-108 所示。

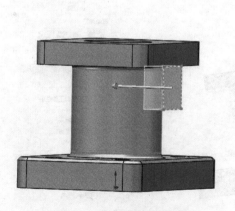

图 4-106　选择成形的面/平面

图 4-107　【凸台-拉伸】属性管理器

（4）单击【特征】工具栏中的 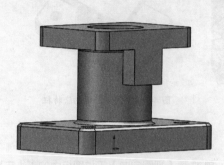【圆角】按钮，在弹出的【圆角】属性管理器中的【圆角类型】选项组中选择 【恒定大小半径】，单击 【要圆角化的项目】选择框，选择图 4-109 所示的两条边，按图 4-110 所示进行参数设置。最后单击【圆角】属性管理器中的 ✓【确定】按钮，完成圆角特征，如图 4-111 所示。

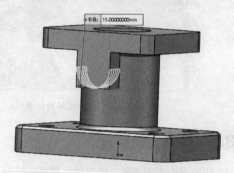

图 4-108　完成拉伸凸台 / 基体特征　　　　图 4-109　选择要圆角化的边线

（5）单击【特征】工具栏中的 【圆角】按钮，在弹出的【圆角】属性管理器中的【圆角类型】选项组中选择 【恒定大小半径】，单击 【要圆角化的项目】选择框，选择图 4-112 所示的面，按图 4-113 所示进行参数设置。最后单击【圆角】属性管理器中的 ✓【确定】按钮，完成圆角特征，如图 4-114 所示。

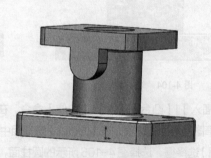

图 4-110　【圆角】属性管理器（1）　　　　图 4-111　完成圆角特征

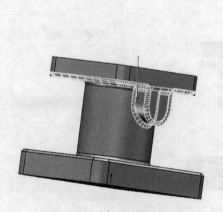

图 4-112　选择要圆角化的面　　　　图 4-113　【圆角】属性管理器（2）

（6）单击图形的前表面，使其成为草图的绘制平面。单击 【视图定向】下拉图标中的 【正视于】按钮，并单击【草图】工具栏中的 【草图绘制】按钮，进入草图绘制状态。单击【草图】工具栏中的 【圆】按钮，绘制草图，如图 4-115 所示。

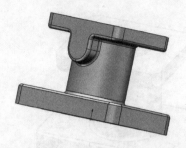

图 4-114　完成圆角特征

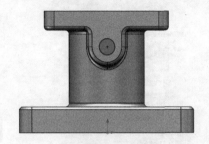

图 4-115　绘制草图

（7）单击【草图】工具栏中的 【智能尺寸】按钮，标注草图的尺寸，双击退出草图绘制状态，如图 4-116 所示。

（8）选择【插入】|【切除】|【拉伸】命令，在弹出的【切除 - 拉伸】属性管理器中按图 4-117 所示进行参数设置。最后单击【切除 - 拉伸】属性管理器中的 【确定】按钮，完成拉伸切除特征的绘制，如图 4-118 所示。

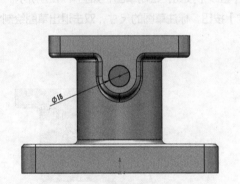

图 4-116　标注草图的尺寸

图 4-117　【切除 - 拉伸】属性管理器

（9）单击【特征】工具栏中的 【倒角】按钮，在弹出的【倒角】属性管理器中的【倒角类型】选项组中选择 【角度距离】，单击 【要倒角化的项目】选择框，选择图 4-119 所示的两条边线，按图 4-120 所示进行参数设置。最后单击【倒角】属性管理器中的 【确定】按钮，完成倒角特征，如图 4-121 所示。

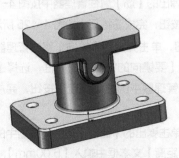

图 4-118　完成拉伸切除特征

图 4-119　选择倒角化的边

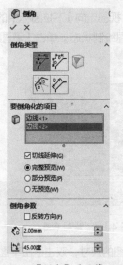

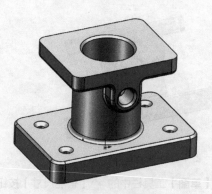

图 4-120　【倒角】属性管理器　　　　　　　　图 4-121　完成倒角特征

4.8.6　建立筋板部分

（1）单击【特征管理器设计树】中的【前视基准面】按钮，使前视基准面成为草图的绘制平面。单击 📷【视图定向】下拉图标中的 ↓【正视于】按钮，并单击【草图】工具栏中的 □【草图绘制】按钮，进入草图绘制状态。单击【草图】工具栏中的 ✏【直线】按钮，绘制草图，如图 4-122 所示。

（2）单击【草图】工具栏中的 ✏【智能尺寸】按钮，标注草图的尺寸，双击退出草图绘制状态，如图 4-123 所示。

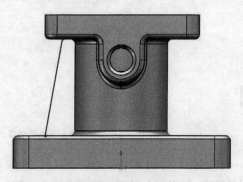

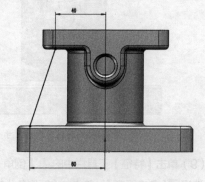

图 4-122　绘制草图　　　　　　　　　　　　图 4-123　标注草图的尺寸

（3）单击【特征】工具栏中的 ●【筋】按钮，在弹出的【筋】属性管理器中按图 4-124 所示进行参数设置。最后单击【筋】属性管理器中的 ✓【确定】按钮，完成筋特征，如图 4-125 所示。

（4）选择【插入】|【阵列/镜向】|【镜向】按钮，单击弹出的【镜向】属性管理器中的 🗔【镜向面/基准面】选择框，选择【右视基准面】；单击 ●【要镜向的特征】选择框，选择上一步所建立的筋特征，如图 4-126 所示。最后单击【镜向】属性管理器中的 ✓【确定】按钮，完成镜像特征，如图 4-127 所示。

（5）单击【特征】工具栏中的 ●【圆顶】按钮，单击弹出的【圆顶】属性管理器中的 🗔【到圆顶的面】选择框，选择图 4-128 所示的两个平面，在 ⬚【距离】文本框中输入【5.00mm】，如图 4-129 所示。最后单击【圆顶】属性管理器中的 ✓【确定】按钮，完成圆顶特征，如图 4-130 所示。

图 4-124 【筋】属性管理器

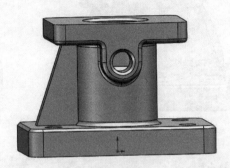

图 4-125 完成筋特征

图 4-126 【镜向】属性管理器

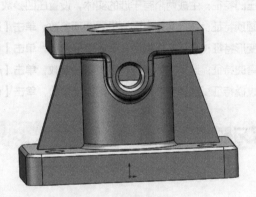

图 4-127 完成镜像特征

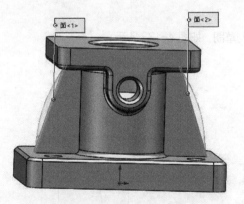

图 4-128 选择要圆顶的面

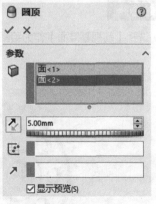

图 4-129 【圆顶】属性管理器

至此，法兰盘模型已经绘制完成，如图 4-131 所示。

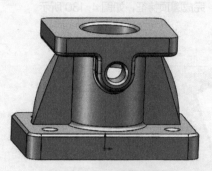

图 4-130　完成圆顶特征

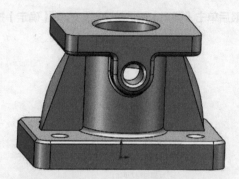

图 4-131　法兰盘模型

本章小结

三维建模的命令使用方法如下。

（1）特征阵列：选择阵列方向，设置阵列参数，选择要阵列的特征，单击【确定】按钮。

（2）镜像特征：选择镜像基准面，选择要阵列的特征，单击【确定】按钮。

（3）压凹特征：生成两个有干涉的实体，设置压凹参数，单击【确定】按钮。

（4）圆顶特征：选择实体表面，设置圆顶参数，单击【确定】按钮。

（5）变形特征：选择实体模型，设置变形参数，单击【确定】按钮。

（6）弯曲特征：选择实体模型，设置弯曲参数，单击【确定】按钮。

（7）拔模特征：选择实体表面，设置拔模参数，单击【确定】按钮。

课后习题

作业

利用【旋转切除】【圆周阵列】【拉伸切除】等命令建立蜗轮三维模型，模型如图 4-132 所示。

解题思路

（1）选择【前视基准面】作为绘图平面，绘制草图，如图 4-133 所示。

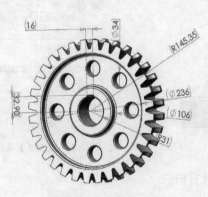

图 4-132　蜗轮模型

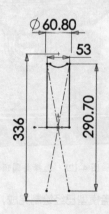

图 4-133　绘制草图

（2）使用【旋转凸台 / 基体】命令生成实体。

（3）选择【右视基准面】作为草图绘制平面，绘制草图，如图 4-134 所示。

（4）使用【旋转切除】命令生成单个齿槽，如图 4-135 所示。

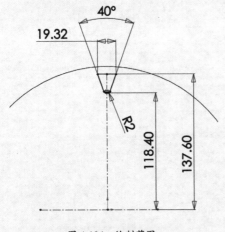

图 4-134 绘制草图

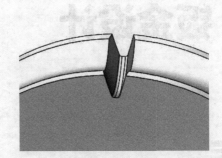

图 4-135 切除轮齿

（5）使用【圆周阵列】命令生成全齿槽。

（6）使用【拉伸切除】命令切除中间的孔。

第 **5** 章

钣金设计

学习目标

知识点

◇ 理解钣金制作的基本参数。

◇ 掌握钣金生成的主要特征。

◇ 掌握钣金的编辑方法。

技能点

◇ 利用钣金特征建立复杂的钣金零件模型。

◇ 利用钣金编辑特征对已有的钣金零件进行修改。

5.1 基础知识

钣金零件设计经常涉及一些术语，包括折弯系数、K 因子和折弯扣除等。

5.1.1 折弯系数

折弯系数是沿材料中性轴所测量的圆弧长度。在生成折弯时，可以输入数值给任何一个钣金折弯以指定明确的折弯系数。以下方程式用来决定使用折弯系数数值时的总平展长度。

$$Lt = A + B + BA$$

式中: Lt 表示总平展长度; A 和 B 的含义如图 5-1 所示; BA 表示折弯系数。

图 5-1　折弯系数中 A 和 B 的含义

5.1.2 K 因子

K 因子代表中立板相对于钣金零件厚度的位置的比率。包含 K 因子的折弯系数使用以下公式计算。

$$BA = \prod (R + KT) A/180$$

式中: BA 表示折弯系数; R 表示内侧折弯半径; K 表示 K 因子; T 表示材料厚度; A 表示折弯角度（经过折弯的材料的角度）。

5.1.3 折弯扣除

折弯扣除通常是指回退量，也是一种用简单算法来描述钣金折弯的过程。在生成折弯时，可以通过输入数值给任何钣金折弯以指定明确的折弯扣除。以下方程式用来决定使用折弯扣除数值时的总平展长度。

$$Lt = A + B-BD$$

式中: Lt 表示总平展长度; A 和 B 的含义如图 5-2 所示; BD 表示折弯扣除。

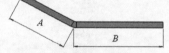

图 5-2　折弯扣除中 A 和 B 的含义

5.2 钣金生成特征

有两种基本方法可以生成钣金零件，一是利用钣金命令直接生成，二是将现有零件进行转换。下面介绍利用钣金命令直接生成钣金零件的方法。

5.2.1 基体法兰

基体法兰是钣金零件的第一个特征。当基体法兰被添加到 SolidWorks 零件后，系统会将该零件标记为钣金零件，并且在【特征管理器设计树】中显示特定的钣金特征。

单击【钣金】工具栏中的 🖐【基体法兰／薄片】按钮，或者选择【插入】|【钣金】|【基体法兰】命令，弹出【基体法兰】属性管理器，如图 5-3 所示。

👆 生成基体法兰的操作方法

（1）打开【本书电子资源 \5\ 知识点讲解模型 \5.2.1】文件，如图 5-4 所示。

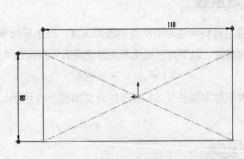

图 5-3　【基体法兰】属性管理器（1）　　　　　　图 5-4　实例素材

（2）单击【钣金】工具栏中的 【基体法兰 / 薄片】按钮，或者选择【插入】|【钣金】|【基体法兰】命令，弹出【信息】对话框，选择实例素材的矩形草图，进入【基体法兰】属性管理器。在【钣金参数】选项组中，将 【厚度】设置为【1.00mm】；在【折弯系数】选项组中，选择【K 因子】，并将【K】设置为【0.5】；在【自动切释放槽】选项组中，选择【矩形】，【比例】设置为【0.5】，如图 5-5 所示。单击 ✔【确定】按钮，生成基体法兰特征，如图 5-6 所示。

图 5-5　【基体法兰】属性管理器（2）　　　　　图 5-6　生成基体法兰特征

5.2.2　边线法兰

在一条或者多条边线上可以添加边线法兰。

单击【钣金】工具栏中的 【边线法兰】按钮，或者选择【插入】|【钣金】|【边线法兰】命令，弹出【边线 - 法兰】属性管理器，如图 5-7 所示。

👆 **生成边线法兰的操作方法**

（1）打开【本书电子资源 \5\ 知识点讲解模型 \5.2.2】文件，如图 5-8 所示。

（2）单击【钣金】工具栏中的 【边线法兰】按钮，或者选择【插入】|【钣金】|【边线法兰】命令，弹出【边线 - 法兰】属性管理器。在【法兰参数】选项组中，单击 【边线】选择框，选择基体法兰的 4 条边线，勾选【使用默认半径】选项，在 【缝隙距离】文本框中输入【0.50mm】；在 【角度】选

项组中，设置 ⊾【角度】为【90.00 度】；在【法兰长度】选项组中，设置⊿【终止条件】为【给定深度】，⑥【长度】设置为【50.00mm】；在【法兰位置】选项组中，选择⌐【材料在外】，剩下的保持默认设置，如图 5-9 所示。单击 ✓【确定】按钮，生成边线法兰特征，如图 5-10 所示。

图 5-7　【边线 - 法兰】属性管理器（1）

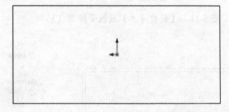

图 5-8　实例素材

图 5-9　【边线 - 法兰】属性管理器（2）

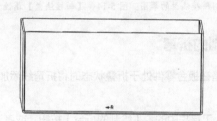

图 5-10　生成边线法兰特征

5.2.3　斜接法兰

单击【钣金】工具栏中的▣【斜接法兰】按钮，或者选择【插入】|【钣金】|【斜接法兰】命令，弹出【斜接法兰】属性管理器，如图 5-11 所示。

🖐 生成斜接法兰的操作方法

（1）打开【本书电子资源 \5\ 知识点讲解模型 \5.2.3】文件，如图 5-12 所示。

（2）单击【钣金】工具栏中的▣【斜接法兰】按钮，或者选择【插入】|【钣金】|【斜接法兰】命令，弹出【信息】对话框，选择实例素材的边线法兰的窄边，进入草图绘制状态。在【草图】工具栏中，单击╱【直线】按钮，绘制一条直线，如图 5-13 所示。单击▣【退出草图】按钮，进入【斜接法兰】属性管理器，在【法兰位置】选项组中选择⌐【材料在内】，在 ⊿【缝隙距离】文本框中输入【4.25mm】，如图 5-14 所示。单击 ✓【确定】按钮，生成斜接法兰特征，如图 5-15 所示。

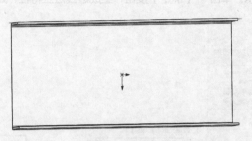

图 5-11　【斜接法兰】属性管理器（1）　　　图 5-12　实例素材（1）

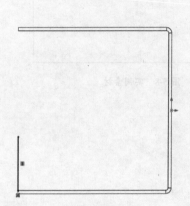

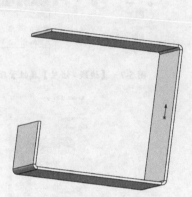

图 5-13　绘制斜接法兰的草图　　图 5-14　【斜接法兰】属性管理器（2）　　图 5-15　生成斜接法兰特征

5.2.4　绘制的折弯

绘制的折弯是在钣金零件处于折叠状态时将折弯线添加到零件，使折弯线的尺寸标注到其他折叠的几何体上。

单击【钣金】工具栏中的 📎【绘制的折弯】按钮，或者选择【插入】|【钣金】|【绘制的折弯】命令，弹出【绘制的折弯】属性管理器，如图 5-16 所示。

👆 **生成绘制的折弯的操作方法**

（1）打开【本书电子资源 \5\ 知识点讲解模型 \5.2.4】文件，如图 5-17 所示。

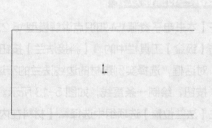

图 5-16　【绘制的折弯】属性管理器　　　　　图 5-17　实例素材（2）

（2）单击【钣金】工具栏中的<img_1>【绘制的折弯】按钮，或者选择【插入 】【钣金 】【绘制的折弯】命令，弹出【信息】对话框，选择实例素材的上表面，进入草图绘制状态。在【草图】工具栏中，单击／【直线】按钮，绘制一条直线，如图 5-18 所示。单击▨【退出草图】按钮，进入【绘制的折弯】属性管理器，在【折弯参数】选项组中，选择▨【固定面】为大的平面,【折弯位置】选择▦【折弯中心线】，设置▨【折弯角度】为【90.00 度】，勾选【使用默认半径】选项，如图 5-19 所示。单击✓【确定】按钮，生成绘制的折弯特征，如图 5-20 所示。

图 5-18　绘制一条直线　　图 5-19　【绘制的折弯】属性管理器　　图 5-20　生成绘制的折弯特征

5.2.5　断裂边角

单击【钣金】工具栏中的🖉【断裂边角】按钮，或者选择【插入】|【钣金】|【断裂边角】命令，弹出【断裂边角】属性管理器，如图 5-21 所示。

图 5-21　【断裂边角】属性管理器（1）

🖐 生成断裂边角的操作方法

（1）打开【本书电子资源 \5\ 知识点讲解模型 \5.2.5】文件，如图 5-22 所示。

（2）单击【钣金】工具栏中的🖉【边角】下拉按钮，选择🖉【断裂边角】，或者选择【插入】|【钣金】|【断裂边角】命令，弹出【断裂边角】属性管理器。在【断裂边角选项】选项组中，单击🖉【边角边线和 / 或法兰面】选择框，选择实例素材的大平面,【折断类型】选择⬭【倒角】，在⬭【距离】文本框中输入【10.00mm】，如图 5-23 所示。单击✓【确定】按钮，生成断裂边角特征，如图 5-24 所示。

图 5-22　实例素材　　图 5-23　【断裂边角】属性管理器（2）　　图 5-24　生成断裂边角特征

5.2.6　褶边

单击【钣金】工具栏中的🖉【褶边】按钮，或者选择【插入】|【钣金】|【褶边】命令，弹出【褶边】属性管理器，如图 5-25 所示。

🖐 生成褶边的操作方法

（1）打开【本书电子资源 \5\ 知识点讲解模型 \5.2.6】文件，如图 5-26 所示。

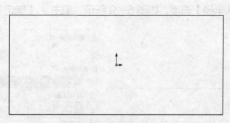

图 5-25 【褶边】属性管理器（1） | 图 5-26 实例素材

（2）单击【钣金】工具栏中的 【褶边】按钮，或者选择【插入】|【钣金】|【褶边】命令，弹出【褶边】属性管理器。在【边线】选项组中，单击 【边线】选择框，选择实例素材的侧边，然后选择 【折弯在外】；在【类型和大小】选项组下，选择 【打开】，设置 【长度】为【20.00mm】，设置 【距离】为【10.00mm】，其余保持默认设置，如图 5-27 所示。单击 【确定】按钮，生成褶边特征，如图 5-28 所示。

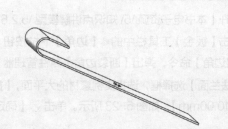

图 5-27 【褶边】属性管理器（2） | 图 5-28 生成褶边特征

5.2.7 转折

转折是通过从草图线生成两个折弯来将材料添加到钣金零件上。

单击【钣金】工具栏中的 【转折】按钮，或者选择【插入】|【钣金】|【转折】命令，弹出【转折】属性管理器，如图 5-29 所示。

👆 生成转折的操作方法

（1）打开【本书电子资源 \5\ 知识点讲解模型 \5.2.7】文件，如图 5-30所示。

（2）单击【钣金】工具栏中的 【转折】按钮，或者选择【插入】|【钣金】|【转折】命令，弹出【信息】对话框，选择实例素材边线，法

图 5-29 【转折】属性管理器

兰的大的平面，进入草图绘制状态。在【草图】工具栏中，单击 ✎【直线】按钮，绘制一条直线，如图 5-31 所示。单击 ◳【退出草图】按钮，进入【转折】属性管理器，在【选择】选项组中，单击 ◈【固定面】选择框，选择大的平面，勾选【使用默认半径】选项；在【转折等距】选项组中，设置 ◨【终止条件】为【给定深度】，设置 ◈【等距距离】为【40.00mm】，【尺寸位置】选择 ◲【外部等距】；在【转折位置】选项组中，选择 ⥮【折弯中心线】；在【转折角度】选项组中，设置 ⟋【角度】为【90.00度】，如图 5-32 所示。单击 ✓【确定】按钮，生成转折特征，如图 5-33 所示。

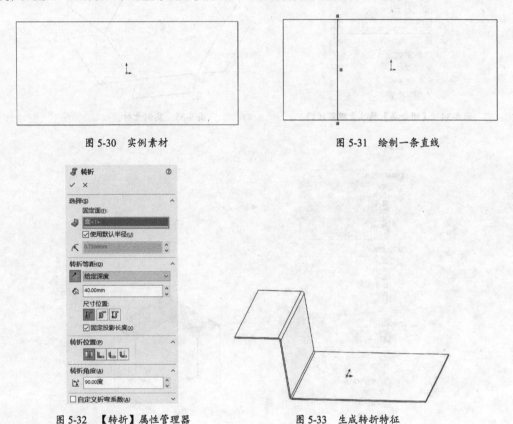

图 5-30 实例素材 　　　　　　　　　图 5-31 绘制一条直线

图 5-32 【转折】属性管理器 　　　　图 5-33 生成转折特征

5.2.8 闭合角

可以在钣金法兰之间添加闭合角。

单击【钣金】工具栏中的 ⊟【闭合角】按钮，或者选择【插入】|【钣金】|【闭合角】命令，弹出【闭合角】属性管理器，如图 5-34 所示。

🖑 **生成闭合角的操作方法**

（1）打开【本书电子资源 \5\ 知识点讲解模型 \5.2.8】文件，如图 5-35 所示。

（2）单击【钣金】工具栏中的 ◔【边角】下拉按钮，选择 ⊟【闭合角】，或者选择【插入】|【钣金】|【闭合角】命令，弹出【闭合角】属性管理器。在【要延伸的面】选项组中，单击 ◈【要延伸的面】选择框，选择实例素材的 6 个小侧面，要匹配的面会自动匹配，在【边角类型】选项中选择 ⊟【对接】选项，设置 ◔【缝隙距离】为【0.10mm】，其余保持默认设置，如图 5-36 所示。单击 ✓【确定】按钮，生成闭合角特征，如图 5-37 所示。

图 5-34　【闭合角】属性管理器（1）

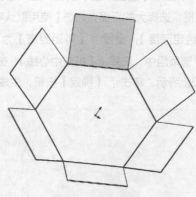

图 5-35　实例素材

图 5-36　【闭合角】属性管理器（2）

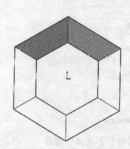

图 5-37　生成闭合角特征

5.3　钣金编辑特征

SolidWorks 可编辑的钣金特征包括折叠、展开、放榜折弯、切口等，下面将逐一讲述。

5.3.1　折叠

单击【钣金】工具栏中的 🔲【折叠】按钮，或者选择【插入】|【钣金】|【折叠】命令，弹出【折叠】属性管理器，如图 5-38 所示。

👆 生成折叠特征的操作方法

（1）打开【本书电子资源 \5\ 知识点讲解模型 \5.3.1】文件，如图 5-39 所示。

（2）单击【钣金】工具栏中的 🔲【折叠】按钮，或者选择【插入】|【钣金】|【折叠】命令，弹出【折叠】

属性管理器。在【选择】选项组中，单击 📎【固定面】选择框，选择六边形中间部分的平面，然后单击 📎【要折叠的折弯】选择框，单击【选择收集所有折弯】按钮，此时会自动收集折弯，如图 5-40 所示。单击 ✓【确定】按钮，生成折叠特征，如图 5-41 所示。

图 5-38　【折叠】属性管理器（1）

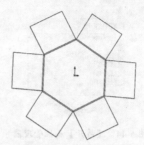

图 5-39　实例素材（1）

图 5-40　【折叠】属性管理器（2）

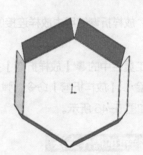

图 5-41　生成折叠特征

5.3.2　展开

在钣金零件中，单击【钣金】工具栏中的 📎【展开】按钮，或者选择【插入】|【钣金】|【展开】命令，弹出【展开】属性管理器，如图 5-42 所示。

👆 生成展开特征的操作方法

（1）打开【本书电子资源 \5\ 知识点讲解模型 \5.3.2】文件，如图 5-43 所示。

图 5-42　【展开】属性管理器

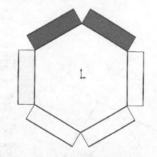

图 5-43　实例素材（2）

（2）单击【钣金】工具栏中的 📎【展开】按钮，或者选择【插入】|【钣金】|【展开】命令，弹出【展开】属性管理器。在【选择】选项组中，单击 📎【固定面】选择框，选择六边形中间部分的平面，然后单击 📎【要展开的折弯】选项框，单击【收集所有折弯】按钮，此时会自动收集折弯，如图 5-44 所示。单击 ✓【确定】按钮，生成展开特征，如图 5-45 所示。

图 5-44　【展开】属性管理器

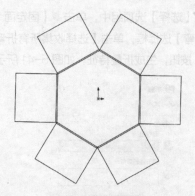

图 5-45　生成展开特征

5.3.3　放样折弯

在钣金零件中，放样折弯使用由放样连接的两个开环轮廓草图，基体法兰特征不与放样折弯特征一起使用。

单击【钣金】工具栏中的 📐【放样折弯】按钮，或者选择【插入】|【钣金】|【放样折弯】命令，弹出【放样折弯】属性管理器，如图 5-46 所示。

👆 生成放样折弯特征的操作方法

（1）打开【本书电子资源 \5\ 知识点讲解模型 \5.3.3】文件，如图 5-47 所示。

（2）单击【钣金】工具栏中的 📐【放样折弯】按钮，或者选择【插入】|【钣金】|【放样折弯】命令，弹出【放样折弯】属性管理器。在【制造方法】选项组中，选中【成型】单选按钮；在【轮廓】选项组中，选择两个草图；在【厚度】选项组中，设置 🔲【厚度】为【1.00mm】，如图 5-48 所示。单击 ✔【确定】按钮，生成放样折弯特征，如图 5-49 所示。

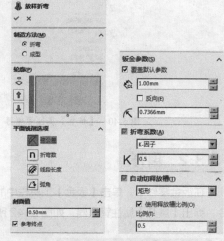

图 5-46　【放样折弯】属性管理器（1）

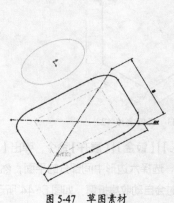

图 5-47　草图素材

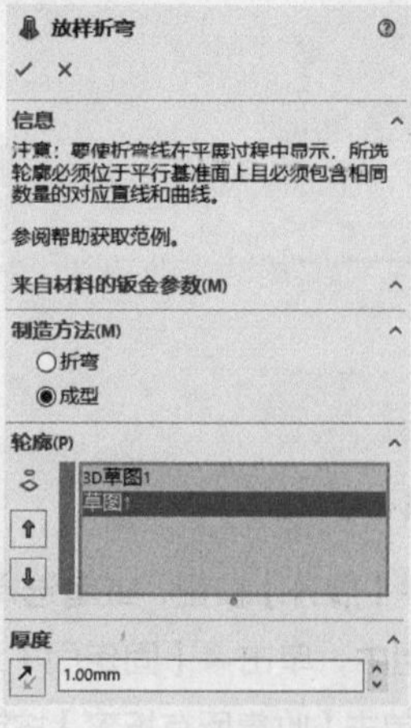

图 5-48　【放样折弯】属性管理器（2）

图 5-49　生成放样折弯特征

5.4 课堂练习

下面通过一个具体钣金零件的设计实例来介绍钣金设计方法，钣金零件如图 5-50 所示。

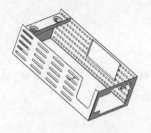

图 5-50 钣金模型

接下来讲述具体操作步骤。

5.4.1 进入钣金绘制状态

（1）启动中文版 SolidWorks，单击【标准】工具栏中的 □【新建】按钮，弹出【新建 SOLIDWORKS 文件】对话框，单击 ◎【零件】按钮，单击【确定】按钮，生成新文件。

（2）选择【插入】|【钣金】|【基体法兰】命令，进入草图绘制状态。在【特征管理器设计树】中单击【前视基准面】选项，使前视基准面成为草图绘制平面。

5.4.2 绘制钣金

（1）单击【草图】工具栏中的 回【中心矩形】按钮，在前视基准面上，单击坐标原点，再向任意方向拖动鼠标指针，在任意一点单击形成一个矩形。右击选择【选择】命令，完成矩形的绘制，如图 5-51 所示。

（2）单击【尺寸/几何关系】工具栏中的 ◆【智能尺寸】按钮，选择矩形的长，向上拖动鼠标指针以放置尺寸，输入长【300】，然后选择矩形的宽，向右拖动鼠标指针以放置尺寸，输入宽【150】，完成尺寸标注，如图 5-52 所示。

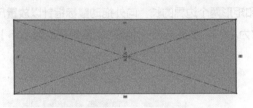

图 5-51 绘制矩形草图

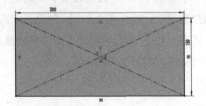

图 5-52 完成矩形标注

（3）单击 ◎【退出草图】按钮，进入【基体法兰】属性管理器，保持默认设置，单击 ✓【确定】按钮，完成基体法兰的绘制，如图 5-53 所示。

（4）单击【钣金】工具栏中的 ◎【边线法兰】按钮，移动鼠标指针，将鼠标指针放在所画基体法兰的 4 条边上，然后选择边线法兰的方向，如图 5-54 所示。取消勾选【使用默认尺寸】选项，在 ◆【折弯半径】和 ✗【缝隙距离】文本框中分别输入尺寸【1.00mm】和【0.50mm】，在 ◎【法兰长度】文本框中输入【100.00mm】，在【法兰位置】选项组中选择 ◎【材料在外】，如图 5-55 所示。最后，单击【边线 – 法兰】属性管理器中的 ✓【确定】按钮，完成边线法兰的绘制，如图 5-56 所示。

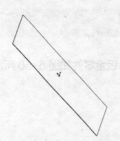

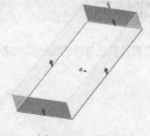

图 5-53 完成基体法兰的绘制　　　　　图 5-54 选择边线法兰的位置方向

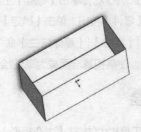

图 5-55 【边线 - 法兰】属性管理器　　　　图 5-56 完成边线法兰的绘制

（5）单击【特征】工具栏中的 【拉伸切除】按钮，然后单击选择边线法兰长的侧面，进入草图绘制界面。单击 【圆】按钮，在图形左侧绘制 6 个在同一竖排的圆。右击，选择【选择】命令，完成圆的绘制，如图 5-57 所示。

（6）单击【尺寸 / 几何关系】工具栏中的 【智能尺寸】按钮，选择第一个圆，向上拖动鼠标指针以放置尺寸，输入直径【6】；然后分别选择圆和矩形两个边界的长，向外拖动鼠标指针以放置尺寸，输入距离【10】；最后再将剩下 5 个圆的直径都改为【6】，然后与上一个圆的距离都更改为【16】，完成尺寸标注，如图 5-58 所示。

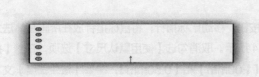

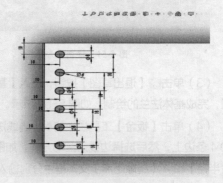

图 5-57 完成 6 个在同一直线上的圆的绘制　　　图 5-58 完成 6 个圆的尺寸标注

（7）单击 【退出草图】按钮，进入【切除 - 拉伸】属性管理器，设置 【深度】为【10.00mm】，其他保持默认设置。单击 ✓【确定】按钮，完成拉伸切除命令，如图 5-59 所示。

（8）单击【特征】工具栏中的 BB【线性阵列】按钮，进入【线性阵列】属性管理器，在【方向1】选项组中，单击 ☑【阵列方向】选择框，选择圆孔所在的平面的侧面（非圆孔所在面），☑【间距】设置为【10.00mm】，☑【实例数】设置为【29】，单击 ☑【要阵列的特征】选择框，选择 ☑【设计树】下的 ☑【切除－拉伸1】，如图 5-60 所示。完成阵列后的图形如图 5-61 所示。

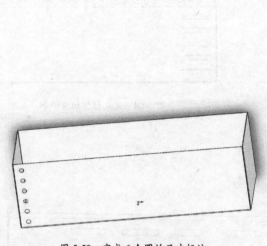

图 5-59　完成 6 个圆的尺寸标注

图 5-60　【线性阵列】属性管理器

（9）单击【特征】工具栏中的 ☑【拉伸切除】按钮，然后单击边线法兰另外一边长的侧面，进入草图绘制界面。单击 ☑【直槽口】按钮，在图形右侧绘制 5 个在同一竖排的直槽口。右击，选择【选择】命令，完成直槽口的绘制，如图 5-62 所示。

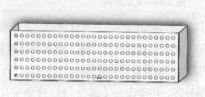

图 5-61　完成阵列

图 5-62　完成 5 个同一直线上直槽口的绘制

（10）单击【尺寸 / 几何关系】工具栏中的 ☑【智能尺寸】按钮，选择右侧最下方第一个直槽口的半圆弧，向上拖动鼠标指针以放置尺寸，输入半径【3】；再选择直槽口的中间直槽，输入长度【35】；然后选择直槽口和矩形两个边界的长，向外拖动鼠标指针以放置尺寸，输入距离【10】；最后再将剩下 5 个圆的半径都改为【3】，直槽长度都更改为【35】，然后与上一个直槽口的距离都更改为【12】，完成尺寸标注，如图 5-63 所示。

（11）单击 ☑【退出草图】按钮，进入【切除－拉伸】属性管理器，设置 ☑【深度】为【10.00mm】，其他保持默认设置。单击 ✓【确定】按钮，完成拉伸切除命令，如图 5-64 所示。

（12）单击【特征】工具栏中的 BB【线性阵列】按钮，然后进入【线性阵列】属性管理器，在【方向1】选项组中，单击 ☑【阵列方向】选择框，选择直槽口所在的平面的侧面（非直槽口所在面），在 ☑【间距】文本框中输入【60.00mm】，在 ☑【实例数】文本框中输入【4】；在【特征和面】选项组中，单击 ☑【要阵列的特征】选择框，选择 ☑【设计树】下的 ☑【切除－拉伸2】，如图 5-65 所示。完成阵列后的图形如图 5-66 所示。

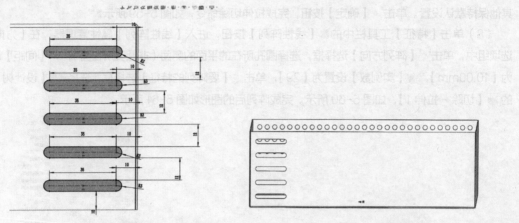

图 5-63　完成 5 个直槽口的尺寸标注

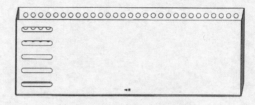

图 5-64　完成拉伸切除命令

图 5-65　【线性阵列】属性管理器

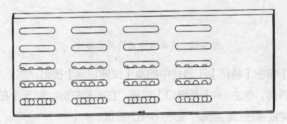

图 5-66　完成阵列

（13）单击【特征】工具栏中的 ⬛【拉伸切除】按钮，然后单击边线法兰另外两窄边的一侧远离直槽口阵列的侧面，进入草图绘制界面。单击 ▣【中心矩形】按钮，绘制一个矩形，使其中心与坐标原点的中心相重合。右击选择【选择】命令，完成中心矩形的绘制，如图 5-67 所示。

（14）单击 ✎【直线】按钮，按照图形分别将矩形周围补齐，再单击 ⌒【圆心 / 起 / 终点画弧】按钮，绘制一个侧边的圆弧。然后再单击 ▨【剪裁实体】按钮，将多余部分剪裁，如图 5-68 所示。

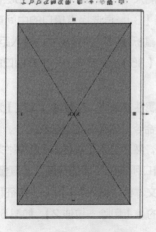

图 5-67　完成中心矩形的绘制

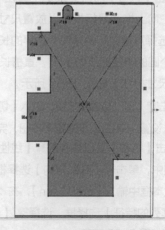

图 5-68　完成剪裁后的草图

（15）单击【尺寸／几何关系】工具栏中的 ✎【智能尺寸】按钮，选择上侧直线与外法兰的边界，向上拖动鼠标指针以放置尺寸，输入距离【14】；再选择右侧竖直直线，输入长度【100】；然后选择下侧水平直线长度，向外拖动鼠标指针，输入距离【54】；再选择水平直线和外侧法兰，输入距离【10】；选择左侧靠下的凸出的竖直线，输入距离【40】；依次往上，选择凹进去的竖直线，输入距离【20】；选择凸出的竖直线，输入距离【13】；选择凹进去的竖直线，输入距离【10】；再选择水平直线，输入距离【13.50】；选择半圆弧和其所对应的两条竖直线，输入半径【3】、距离【6.5】；选择水平直线最右侧的部分直线，输入距离【52】；选择左侧竖直线和边线法兰，输入距离【9】；选择右侧竖直线和边线法兰，输入距离【6.8】，完成尺寸标注，如图 5-69 所示。

（16）单击 ▣【退出草图】按钮，进入【切除－拉伸】属性管理器，设置 ◈【深度】为【10.00mm】，其他保持默认设置。单击 ✓【确定】按钮，完成拉伸切除命令，如图 5-70 所示。

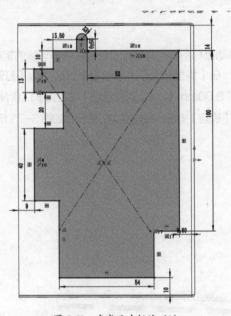

图 5-69　完成尺寸标注（1）

图 5-70　完成拉伸切除命令

（17）单击【特征】工具栏中的 ▣【拉伸切除】按钮，然后单击选择边线法兰中带有阵列小圆孔的侧面，进入草图绘制界面。单击 ▣【中心矩形】按钮，绘制一个矩形，使其包含四排小圆孔，且靠近开始拉伸切除部分 5～6 个圆孔，下方留 2 排圆孔。右击，选择【选择】命令，完成中心矩形的绘制，如图 5-71 所示。

（18）单击【尺寸／几何关系】工具栏中的 ✎【智能尺寸】按钮，选择矩形的长，向上拖动鼠标指针以放置尺寸，输入距离【110】；再选择矩形的宽，向外拖动鼠标指针，输入距离【60】，完成尺寸标注，如图 5-72 所示。

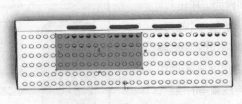

图 5-71　完成中心矩形的绘制

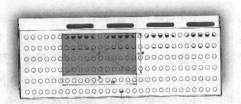

图 5-72　完成尺寸标注（2）

（19）单击 ▣【退出草图】按钮，进入【切除－拉伸】属性管理器，设置 ◈【深度】为【10.00mm】，其他保持默认设置。单击 ✓【确定】按钮，完成拉伸切除命令，如图 5-73 所示。

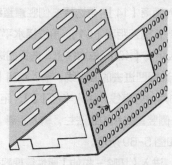

图 5-73　完成拉伸切除命令

5.4.3　绘制辅助部分

（1）单击【钣金】工具栏中的 ＜【褶边】按钮，移动鼠标指针，将鼠标指针放在拉伸切除的矩形的 4 条边上。在【边线】选项组中，选择 ▦【折弯在外】；在【类型和大小】选项组中，选择 ⊏【打开】，▦【长度】设置为【5.00mm】，⊏【缝隙距离】设置为【3.00mm】；▰【斜接缝隙】设置为【1.10mm】，如图 5-74 所示。最后，单击【褶边】属性管理器中的 ✓【确定】按钮，完成褶边的绘制，如图 5-75 所示。

图 5-74　【褶边】属性管理器

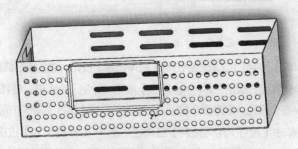

图 5-75　完成褶边的绘制

（2）单击【特征】工具栏中的 ▣【拉伸切除】按钮，然后单击边线法兰中带有阵列直槽口的侧面，进入草图绘制界面。单击 ▣【中心矩形】下拉按钮，单击 ▭【边角矩形】按钮，绘制一个矩形，使其一边在边线法兰的一侧，另一边在第四个直槽口附近。然后单击 ⌐【绘制圆角】按钮，在矩形下侧靠近第四个直槽口的矩形两边单击以生成两个圆角。右击，选择【选择】命令，完成圆角的绘制，如图 5-76 所示。

（3）单击【尺寸 / 几何关系】工具栏中的 ✎【智能尺寸】按

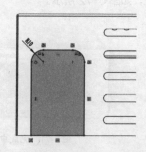

图 5-76　完成中心矩形和圆角的绘制

钮，选择矩形的长（不包含圆角处），向上拖动鼠标指针以放置尺寸，输入距离【60】；再选择矩形的宽，向外拖动鼠标指针，输入距离【50】；最后选择两个圆角中的一个，输入半径【8】，完成尺寸标注，如图 5-77 所示。

（4）单击【退出草图】按钮，进入【切除 - 拉伸】属性管理器，设置 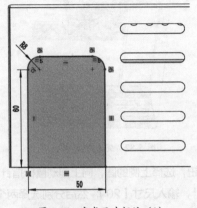【深度】为【10.00mm】，其他保持默认设置。单击 ✓【确定】按钮，完成拉伸切除命令，如图 5-78 所示。

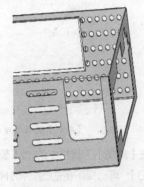

图 5-77 完成尺寸标注（1）　　　　　　图 5-78 完成拉伸切除命令

（5）单击【钣金】工具栏中的 ⌗【转折】按钮，然后单击边线法兰另外一个窄边的一侧，没有拉伸切除的侧面，进入草图绘制界面。单击 ⁄【直线】按钮，绘制一条直线，使其与边线法兰相平行。右击并选择【选择】命令，完成直线的绘制，如图 5-79 所示。

（6）单击【尺寸 / 几何关系】工具栏中的 ⌖【智能尺寸】按钮，先选择直线，再选择靠近法兰口的边线法兰，向上拖动鼠标指针以放置尺寸，输入距离【15】，完成尺寸标注，如图 5-80 所示。

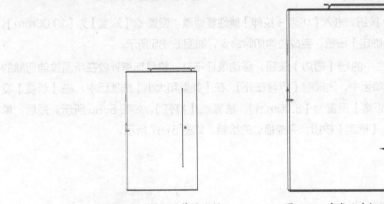
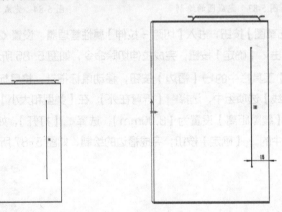

图 5-79 转折的草图绘制　　　　　图 5-80 完成尺寸标注（2）

（7）单击【退出草图】按钮，进入【转折】属性管理器，单击 ⌗【固定面】选择框，选择所画直线的面，勾选【使用默认半径】选项，在【转折等距】选项组中，选择将 ⌗【反向】按钮去除，⌗【等距距离】设置为【40.00mm】，【尺寸位置】选择 ⌗【外部等距】，【转折位置】选择 ⌞【折弯在外】，⌗【转折角度】设置为【90.00 度】，如图 5-81 所示。单击 ✓【确定】按钮，完成转折命令，如图 5-82 所示。

（8）单击【特征】工具栏中的【拉伸切除】按钮，然后单击选择折弯后的侧面，进入草图绘制界面。单击 ⊙【圆】按钮，绘制一个圆，然后在其中心另一侧再绘制一个圆。右击并选择【选择】命令，完成圆的绘制，如图 5-83 所示。

图 5-81　【转折】属性管理器

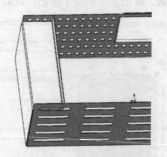

图 5-82　完成转折命令

（9）单击【草图】工具栏中的 【智能尺寸】按钮，选择上侧的圆，向上拖动鼠标指针以放置尺寸，输入尺寸【20】；再选择下侧的圆，向外拖动鼠标指针，输入尺寸【20】；然后分别选择两个圆和外侧法兰，分别输入距离【28】，完成尺寸标注，如图 5-84 所示。

图 5-83　完成圆的绘制

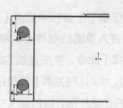

图 5-84　完成尺寸标注

（10）单击 【退出草图】按钮，进入【切除 - 拉伸】属性管理器，设置 【深度】为【10.00mm】，其他保持默认设置。单击 【确定】按钮，完成拉伸切除命令，如图 5-85 所示。

（11）单击【钣金】工具栏中的 【褶边】按钮，移动鼠标指针，将鼠标指针放在所画拉伸切除的两个圆的边上。在【边线】选项组中，选择 【折弯在外】；在【类型和大小】选项组中， 【长度】设置为【5.00mm】， 【缝隙距离】设置为【3.00mm】，选择 【打开】，如图 5-86 所示。最后，单击【褶边】属性管理器中的 【确定】按钮，完成褶边的绘制，如图 5-87 所示。

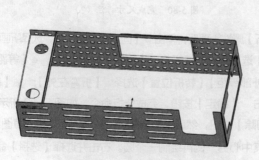

图 5-85　完成拉伸切除命令

图 5-86　【褶边】属性管理器

（12）单击【钣金】工具栏中的 ■【闭合角】按钮，单击 ●【要延伸的面】选择框，选择边线法兰拉伸切除的那一面的边角处，在 ●【要匹配的面】选择框中会自动生成要匹配的面，如图 5-88 所示。在【边角类型】选项组中选择 ■【重叠】， ✎【缝隙距离】设置为【0.10mm】， ✖【重叠/欠重叠比率】设置为【1】，如图 5-89 所示。最后，单击【闭合角】属性管理器中的 ✓【确定】按钮，完成闭合角的绘制，如图 5-90 所示。

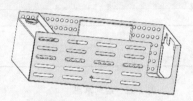

图 5-87　完成褶边的绘制

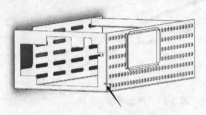

图 5-88　选择要生成闭合角的面

图 5-89　【闭合角】属性管理器

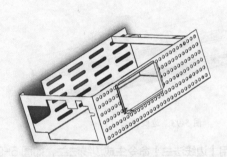

图 5-90　完成闭合角的绘制

本章小结

钣金特征的主要含义如下。

（1）基体法兰：在钣金件中创建平板，使用闭合轮廓构造任何形状的平直特征。

（2）边线法兰：在选择的弯边处生成法兰。

（3）斜接法兰：通过绘制草图来生成法兰。

（4）绘制的折弯：在绘制的直线草图处生成折弯。

（5）断裂边角：在边角处将钣金材料断开切口。

（6）褶边：在边线处将材料折回。

（7）转折：以直线草图为边界连续生成两个折弯。

（8）闭合角：将两个分开的边线处闭合。

课后习题

作业

利用【基体法兰】【边线法兰】【褶边】【成形工具】等命令建立钣金模型，如图 5-91 所示。

💡 **解题思路**

（1）选择【上视基准面】作为绘图平面，绘制的草图如图 5-92 所示。

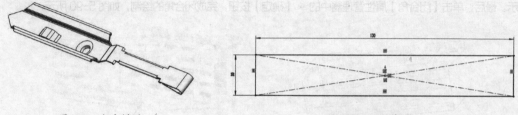

图 5-91 钣金模型

图 5-92 绘制草图

（2）使用【基体法兰】命令生成基体法兰。选择两侧的边线，使用【边线法兰】命令生成边线法兰，如图 5-93 所示。

（3）使用【拉伸切除】命令对钣金前端进行修改，如图 5-94 所示。

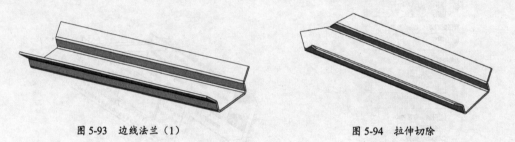

图 5-93 边线法兰（1）

图 5-94 拉伸切除

（4）使用【边线法兰】命令生成边线法兰，如图 5-95 所示。

图 5-95 边线法兰（2）

（5）利用【褶边】和【成形工具】建立其余部分。

第 6 章

焊件设计

学习目标

知识点

◇ 掌握建立结构构件的方法。

◇ 掌握剪裁特征的使用方法。

◇ 掌握角撑板特征的使用方法。

◇ 掌握顶端盖特征的使用方法。

◇ 掌握圆角焊缝和焊缝的使用方法。

技能点

◇ 利用焊件命令建立简单的焊件模型。

◇ 利用焊件编辑命令对已有的焊件模型进行修改。

6.1 结构构件

在零件中生成第一个结构构件时，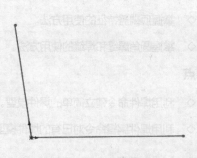【焊件】将被添加到【特征管理器设计树】中。结构构件包含以下属性。

◆ 结构构件都使用轮廓，例如角铁等。

◆ 轮廓由【标准】【类型】及【大小】等属性识别。

◆ 结构构件可以包含多个片段，但所有片段只能使用一个轮廓。

◆ 具有不同轮廓的多个结构构件可以属于同一个焊接零件。

◆ 在一个结构构件中的任何特定点处，只有两个实体才可以交叉。

◆ 结构构件生成的实体会出现在 【实体】文件夹下。

◆ 可以生成自己的轮廓，并将其添加到现有焊件轮廓库中。

◆ 可以在【特征管理器设计树】的 【实体】文件夹下选择结构构件，并生成用于工程图的切割清单。

单击【焊件】工具栏中的 【结构构件】按钮，或者选择【插入】|【焊件】|【结构构件】命令，弹出【结构构件】属性管理器，如图 6-1 所示。

生成结构构件的操作方法

（1）打开【本书电子资源 \6\ 知识点讲解模型 \6.1】文件，如图 6-2 所示。

图 6-1 【结构构件】属性管理器

图 6-2 绘制草图

（2）单击【焊件】工具栏中的 【结构构件】按钮，或者选择【插入】|【焊件】|【结构构件】命令，弹出【结构构件】属性管理器。在【选择】选项组中，设置参数，单击【组】选择框，在图形区域中选择草图的两条直线，如图 6-3 所示。

（3）单击 【确定】按钮，生成结构构件，如图 6-4 所示。

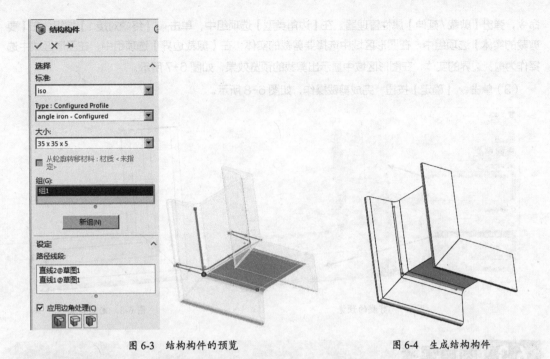

图 6-3　结构构件的预览　　　　　　　　　　图 6-4　生成结构构件

6.2　剪裁 / 延伸

可以使用结构构件和其他实体剪裁结构构件，使其在焊件零件中可以正确对接。可以使用【剪裁 / 延伸】命令剪裁或者延伸两个在角落处汇合的结构构件、一个或者多个相对于另一实体的结构构件等。

单击【焊件】工具栏中的 🔧【剪裁 / 延伸】按钮，或者选择【插入】|【焊件】|【剪裁 / 延伸】命令，弹出【剪裁 / 延伸】属性管理器，如图 6-5 所示。

🖐 运用剪裁工具的操作方法

（1）打开【本书电子资源 \6\ 知识点讲解模型 \6.2】文件，如图 6-6 所示。

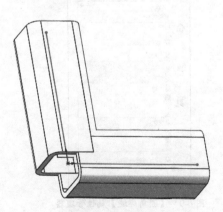

图 6-5　【剪裁 / 延伸】属性管理器　　　　　　图 6-6　新建模型

（2）单击【焊件】工具栏中的 🔧【剪裁 / 延伸】按钮，或者选择【插入】|【焊件】|【剪裁 / 延伸】

命令，弹出【剪裁/延伸】属性管理器。在【边角类型】选项组中，单击 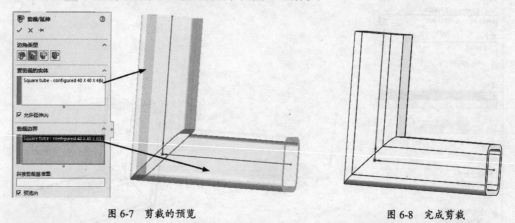【终端对接 1】按钮；在【要剪裁的实体】选项组中，在图形区域中选择要剪裁的实体；在【剪裁边界】选项组中，在图形区域中选择作为剪裁边界的实体，在图形区域中显示出剪裁的预览效果，如图 6-7 所示。

（3）单击 ✓【确定】按钮，完成剪裁操作，如图 6-8 所示。

图 6-7　剪裁的预览　　　　　　　　　　　图 6-8　完成剪裁

6.3　圆角焊缝

可以在任何交叉的焊件实体（如结构构件、平板焊件或者角撑板等）之间添加全长、间歇或者交错的圆角焊缝。

单击【焊件】工具栏中的 【圆角焊缝】按钮，或者选择【插入】|【焊件】|【圆角焊缝】命令，弹出【圆角焊缝】属性管理器，如图 6-9 所示。

👆 生成圆角焊缝的操作方法

（1）打开【本书电子资源 \6\ 知识点讲解模型 \6.3】文件，如图 6-10 所示。

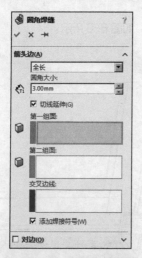
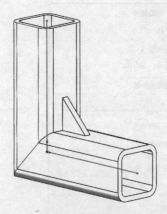

图 6-9　【圆角焊缝】属性管理器　　　　　　图 6-10　新建模型

（2）单击【焊件】工具栏中的 【圆角焊缝】按钮，或者选择【插入】|【焊件】|【圆角焊缝】命令，弹出【圆角焊缝】属性管理器。在【箭头边】选项组中，选择【焊缝类型】为【全长】；在【圆角

大小】下，设置 🔩【焊缝大小】数值为【3.00mm】；单击 🔲【第一组面】选择框，在图形区域中选择一个面组；单击 🔲【第二组面】选择框，在图形区域中选择一个交叉面组，交叉边线自动显示虚拟边线，如图 6-11 所示。

（3）单击 ✔【确定】按钮，生成圆角焊缝，如图 6-12 所示。

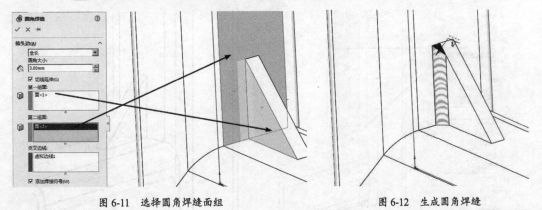

图 6-11　选择圆角焊缝面组　　　　　　　　　　图 6-12　生成圆角焊缝

6.4　角撑板

选择【插入】|【焊件】|【角撑板】命令，弹出【角撑板】属性管理器，如图 6-13 所示。

👆 **生成角撑板的方法**

（1）打开【本书电子资源 \6\ 知识点讲解模型 \6.4】文件，如图 6-14 所示。

图 6-13　【角撑板】属性管理器

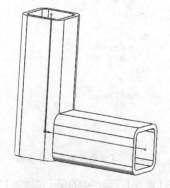

图 6-14　打开实例文件

（2）单击【焊件】工具栏中的 🪒【角撑板】按钮，或者选择【插入】|【焊件】|【角撑板】命令，弹出【角撑板】属性管理器。在【支撑面】选项组中，选择【面1】和【面2】；在【轮廓】选项组中，选择 👉

【三角形轮廓】，设置【d1】为【25.00mm】、【d2】为【25.00mm】，【倒角】d5 为 12.5mm，d6 为 12.5mm。设置【厚度】为▤【内边】、【角撑板厚度】为【5.00mm】；在【位置】选项组中，选择▣【等距】，设置☑【反转等距方向】为【5.00mm】，如图 6-15 所示。

（3）单击✓【确定】按钮，生成角撑板的实体，如图 6-16 所示。

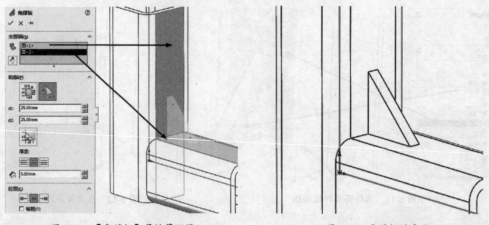

图 6-15　【角撑板】属性管理器　　　　　　图 6-16　角撑板的实体

6.5　顶端盖

选择【插入】|【焊件】|【顶端盖】命令，弹出【顶端盖】属性管理器，如图 6-17 所示。

👆 生成顶端盖的方法

（1）打开【本书电子资源 \6\ 知识点讲解模型 \6.5】文件，如图 6-18 所示。

图 6-17　【顶端盖】属性管理器

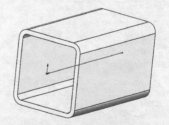

图 6-18　打开实例文件

（2）单击【焊件】工具栏中的⬛【顶端盖】按钮，或者选择【插入】|【焊件】|【顶端盖】命令，弹出【顶端盖】属性管理器。在【参数】选项组中，选择【面 1】，选择【厚度方向】为▣【向外】，设置🔩【厚度】为【5.00mm】；在【等距】选项组中，选中【厚度比率】单选按钮，设置☑【反向】为【0.5】；在【边角处理】选项组中，选中【圆角】单选按钮，输入距离【3.00mm】，如图 6-19 所示。

（3）单击 ✓【确定】按钮，生成顶端盖的实体，如图 6-20 所示。

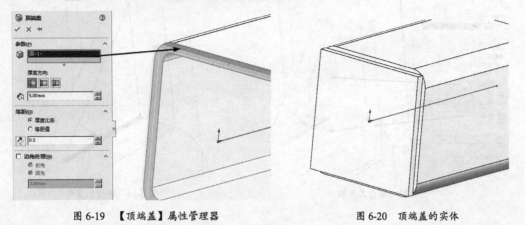

图 6-19 【顶端盖】属性管理器 　　　　　　　　　　 图 6-20 顶端盖的实体

6.6 焊缝

选择【插入】|【焊件】|【焊缝】命令，弹出【焊缝】属性管理器，如图 6-21 所示。

👆 生成焊缝的方法

（1）打开【本书电子资源 \6\ 知识点讲解模型 \6.6】文件，如图 6-22 所示。

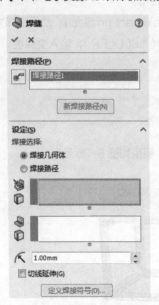

图 6-21 【焊缝】属性管理器

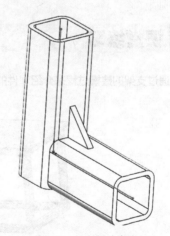

图 6-22 绘制焊件实体

（2）单击【焊件】工具栏中的 🔧【焊缝】按钮，或者选择【插入】|【焊件】|【焊缝】命令，弹出【焊缝】属性管理器。设置 ✏【焊接路径】为【焊接焊缝】，在【焊接选择】选项中选中【焊接几何体】单选按钮。单击 🔲【焊接起始点】选择框，选择【面1】；单击 🔲【焊接终止点】选择框，选择【面2】；设置 🔨【焊缝大小】为【1.00mm】。选中【切线延伸】下的【选择】单选按钮，如图 6-23 所示。

（3）单击 ✓【确定】按钮，生成焊缝的实体，如图 6-24 所示。

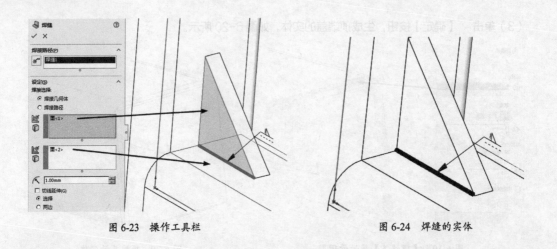

图 6-23　操作工具栏　　　　　　　　　　　图 6-24　焊缝的实体

6.7 **自定义焊件轮廓**

可以生成自己的焊件轮廓，以便在生成焊件结构构件时使用。将轮廓创建为库特征零件，然后将其保存在一个定义的位置即可。制作自定义焊件轮廓的步骤如下。

（1）绘制轮廓草图。当使用轮廓生成一个焊件结构构件时，草图的原点为默认穿透点，且可以选择草图中的任何顶点或者草图点作为交替穿透点。

（2）选择【文件】|【另存为】命令，打开【另存为】对话框。

（3）在【保存在】文本框中选择【＜安装目录＞\data\weldment profiles】，然后选择或者生成一个适当的子文件头，在【保存类型】文本框中选择库特征零件（*.SLDLFP），输入文件名，单击【保存】按钮。

6.8 **课堂练习**

本练习通过支架的建模过程来介绍焊件的具体使用方法，模型如图 6-25 所示。

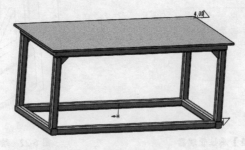

图 6-25　焊接件模型

接下来讲述具体操作步骤。

6.8.1　新建 SolidWorks 零件并保存文件

（1）启动中文版 SolidWorks 2022，单击【文件】工具栏中的 ▯【新建】按钮，弹出【新建

SOLIDWORKS 文件】对话框，单击 【零件】按钮，单击 【确定】按钮，如图 6-26 所示。

（2）选择 【文件】|【另存为】命令，弹出 【另存为】对话框，在 【文件名】文本框中输入 【焊接件模型】，单击 【保存】按钮，如图 6-27 所示。

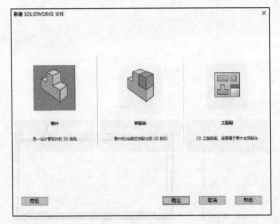

图 6-26　【新建 SOLIDWORKS 文件】对话框

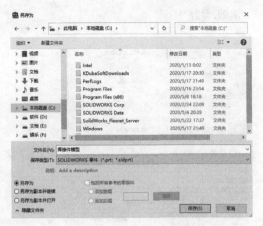

图 6-27　【另存为】对话框

6.8.2　建立架体部分

（1）单击 【特征管理器设计树】中的 【上视基准面】按钮，使上视基准面成为草图绘制平面。单击 【视图定向】下拉图标中的 【正视于】按钮，并单击 【草图】工具栏中的 【草图绘制】按钮，进入草图绘制状态。单击 【草图】工具栏中的 【中心矩形】按钮，绘制草图，如图 6-28 所示。

（2）单击 【草图】工具栏中的 【智能尺寸】按钮，标注草图的尺寸，双击退出草图绘制状态，如图 6-29 所示。

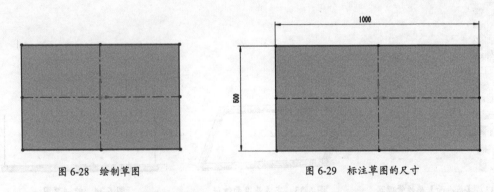

图 6-28　绘制草图

图 6-29　标注草图的尺寸

（3）单击 【焊件】工具栏中的 【结构构件】按钮，弹出 【结构构件】属性管理器，在 【路径线段】中选择绘图区中的 4 条直线，按图 6-30 所示进行参数设置。最后单击 【结构构件】属性管理器中的 【确定】按钮，完成结构构件特征如图 6-31 所示。

（4）单击 【特征】工具栏中的 【参考几何体】按钮，然后单击 【基准面】按钮，弹出 【基准面】属性管理器，在 【第一参考】选项组中选择 【前视基准面】，激活 【偏移距离】选项，并且在该文本框中输入 【250.00mm】，在 【要生成的基准面数】文本框中输入 【1】，如图 6-32 所示。最后单击 【基准面】属性管理器中的 ✓【确定】按钮，完成基准面特征，如图 6-33 所示。

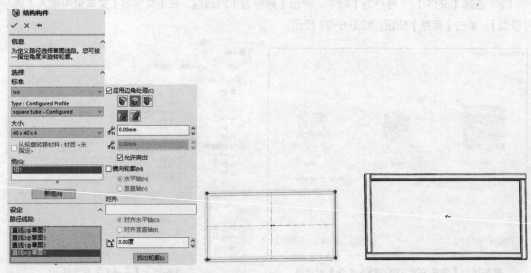

图 6-30 【结构构件】属性管理器　　　　　　　　　图 6-31 完成结构构件特征

（5）单击新建的基准面，使基准面成为草图的绘制平面。单击 🎨【视图定向】下拉图标中的 ⬇【正视于】按钮，并单击【草图】工具栏中的 □【草图绘制】按钮，进入草图绘制状态。单击【草图】工具栏中的 ✏【直线】按钮，绘制草图，如图 6-34 所示。

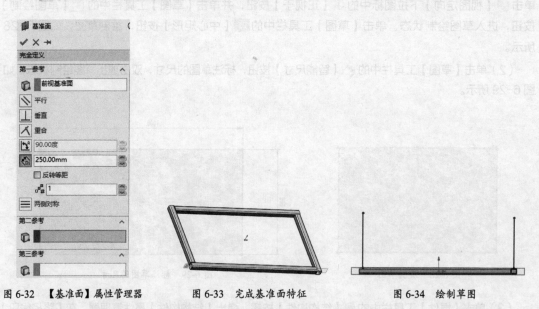

图 6-32 【基准面】属性管理器　　图 6-33 完成基准面特征　　图 6-34 绘制草图

（6）单击【草图】工具栏中的 ✐【智能尺寸】按钮，标注草图的尺寸，双击退出草图绘制状态，如图 6-35 所示。

（7）单击【焊件】工具栏中的 ⚙【结构构件】按钮，弹出【结构构件】属性管理器。在【路径线段】选项中选择图 6-36 所示的两条边线，按图 6-37 所示进行参数设置。最后单击【结构构件】属性管理器中的 ✓【确定】按钮，完成结构构件特征，如图 6-38 所示。

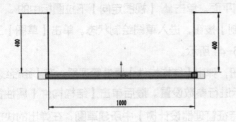

图 6-35 标注草图的尺寸

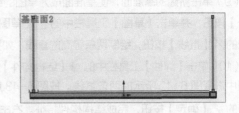

图 6-36 选择路径线段

图 6-37 【结构构件】属性管理器

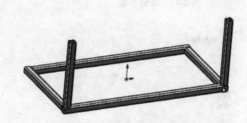

图 6-38 完成结构构件特征

（8）单击【特征】工具栏中的【参考几何体】按钮，然后单击 ▥【基准面】按钮，弹出【基准面】属性管理器，在【第一参考】选项组中选择【前视基准面】，激活 【偏移距离】选项，并且在该文本框中输入【250.00mm】，勾选【反转等距】选项，在 【要生成的基准面数】文本框中输入【1】，如图6-39所示。最后单击【基准面】属性管理器中的 ✓【确定】按钮，完成基准面特征，如图6-40所示。

图 6-39 【基准面】属性管理器

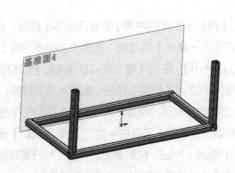

图 6-40 完成基准面特征

（9）单击新建的基准面，使基准面成为草图的绘制平面。单击 🖼【视图定向】下拉图标中的 ↓【正视于】按钮，并单击【草图】工具栏中的 □【草图绘制】按钮，进入草图绘制状态。单击【草图】工具栏中的 ╱【直线】按钮，绘制两条等高的直线，如图 6-41 所示。

（10）单击【焊件】工具栏中的 🔘【结构构件】按钮，弹出【结构构件】属性管理器。在【路径线段】选项中选择图 6-42 所示的两条直线。按图 6-43 所示进行参数设置。最后单击【结构构件】属性管理器中的 ✓【确定】按钮，完成结构构件特征。右击【特征管理器设计树】中所建草图，在弹出的快捷菜单中选择 ◎【隐藏】命令后的图形如图 6-44 所示。

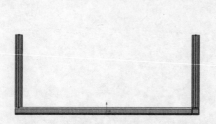

图 6-41　绘制草图

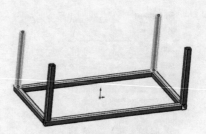

图 6-42　选择路径线段

图 6-43　【结构构件】属性管理器

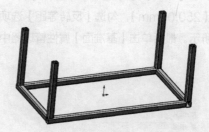

图 6-44　完成结构构件特征

（11）单击【特征】工具栏中的【参考几何体】按钮，然后单击 🔲【基准面】按钮，弹出【基准面】属性管理器，在【第一参考】选项组中选择【上视基准面】，激活 ⏣【偏移距离】选项，并且在该文本框中输入【440.00mm】，在 ⚏【要生成的基准面数】文本框中输入【1】，如图 6-45 所示。最后单击【基准面】属性管理器中的 ✓【确定】按钮，完成基准面特征，如图 6-46 所示。

（12）单击新建的基准面，使基准面成为草图的绘制平面。单击 🖼【视图定向】下拉图标中的 ↓【正视于】按钮，并单击【草图】工具栏中的 □【草图绘制】按钮，进入草图绘制状态。单击【草图】工具栏中的 ▣【中心矩形】按钮，绘制草图。右击【特征管理器设计树】中所建平面，在弹出的快捷菜单中选择 ◎【隐藏】命令后的草图图形如图 6-47 所示。

图 6-45 【基准面】属性管理器

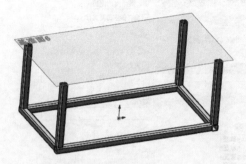

图 6-46 完成基准面特征

（13）单击【草图】工具栏中的 ✎【智能尺寸】按钮，标注草图的尺寸，双击退出草图绘制状态，如图 6-48 所示。

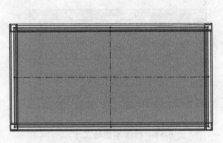

图 6-47 绘制草图

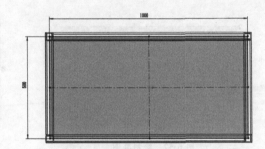

图 6-48 标注草图的尺寸

（14）单击【焊件】工具栏中的 ⊚【结构构件】按钮，在弹出的【结构构件】属性管理器中的【标准】选项中选择【iso】选项，在【Type:Configured Profile】选项中选择【square tube-Configured】选项，在【大小】选项中选择【40x40x4】选项，在【组】选项中选择【组1】选项，在【路径线段】选项中选择图 6-49 所示的 4 条边线。勾选【应用边角处理】选项，在【应用边角处理】选项中选择 ▣【终端斜接】选项，如图 6-50 所示。最后单击【结构构件】属性管理器中的 ✓【确定】按钮，完成结构构件特征。右击【特征管理器设计树】中所建草图，在弹出的快捷菜单中选择 ▨【隐藏】命令后的图形如图 6-51 所示。

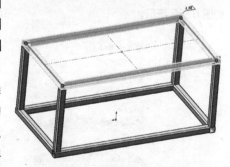

图 6-49 选择路径线段

（15）单击结构构件的上表面，使其成为草图的绘制平面。单击 ▦【视图定向】下拉图标中的 ↧【正视于】按钮，并单击【草图】工具栏中的 ⊏【草图绘制】按钮，进入草图绘制状态。单击【草图】工具栏中的 ▣【中心矩形】按钮，绘制草图，如图 6-52 所示。

（16）单击【草图】工具栏中的 ✎【智能尺寸】按钮，标注草图的尺寸，双击退出草图绘制状态，如图 6-53 所示。

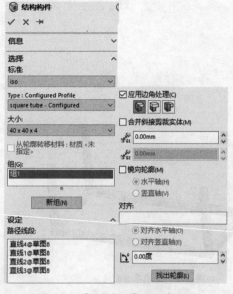

图 6-50 【结构构件】属性管理器

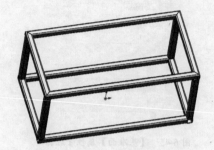

图 6-51 完成结构构件特征

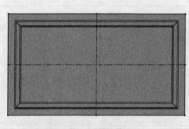

图 6-52 绘制草图

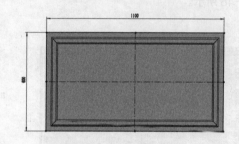

图 6-53 标注草图的尺寸

（17）选择【插入】|【凸台/基体】|【拉伸】命令，弹出【凸台－拉伸】属性管理器，按图 6-54 所示进行参数设置。最后单击【凸台－拉伸】属性管理器中的 ✔【确定】按钮，完成拉伸凸台/基体特征，如图 6-55 所示。

图 6-54 【凸台－拉伸】属性管理器

图 6-55 完成拉伸凸台/基体特征

6.8.3　建立辅助部分

（1）单击【焊件】工具栏中的 【剪裁 / 延伸】按钮，弹出【剪裁 / 延伸】属性管理器，按图 6-56 所示进行参数设置。最后单击【剪裁 / 延伸】属性管理器中的 ✓【确定】按钮，完成剪裁 / 延伸特征，如图 6-57 所示。

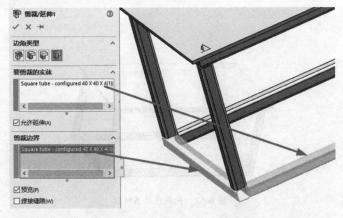

图 6-56　【剪裁 / 延伸】属性管理器（1）

图 6-57　完成剪裁 / 延伸特征（1）

（2）单击【焊件】工具栏中的 【剪裁 / 延伸】按钮，弹出【剪裁 / 延伸】属性管理器，按图 6-58 所示进行参数设置。最后单击【剪裁 / 延伸】属性管理器中的 ✓【确定】按钮，完成剪裁 / 延伸特征，如图 6-59 所示。

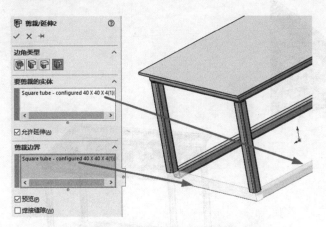

图 6-58　【剪裁 / 延伸】属性管理器（2）

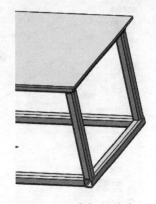

图 6-59　完成剪裁 / 延伸特征（2）

（3）单击【焊件】工具栏中的 【顶端盖】按钮，弹出【顶端盖】属性管理器，在【参数】选项组中选择图 6-60 所示的 4 个开放面，在【厚度方向】选项中选择 【向外】选项，在 【厚度】文本框中输入【5.00mm】；在【等距】选项组中选中【厚度比率】单选按钮，在 【厚度比率】文本框中输入【0.5】；勾选【边角处理】选项，在【边角处理】选项组中选中【倒角】单选按钮，在 【倒角距离】文本框中输入【5.00mm】，如图 6-61 所示。最后单击【顶端盖】

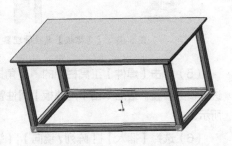

图 6-60　选择 4 个开放面

属性管理器中的 ✓【确定】按钮，完成顶端盖特征，如图 6-62 所示。

图 6-61 【顶端盖】属性管理器

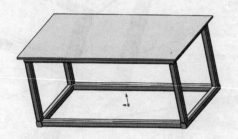

图 6-62 完成顶端盖特征

（4）单击【焊件】工具栏中的 ☑【角撑板】按钮，弹出【角撑板】属性管理器，按图 6-63 所示进行参数设置。最后单击【角撑板】属性管理器中的 ✓【确定】按钮，完成角撑板特征，如图 6-64 所示。

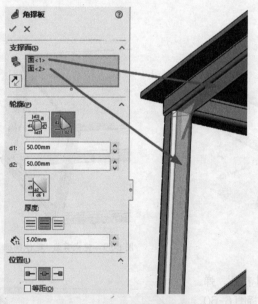

图 6-63 【角撑板】属性管理器

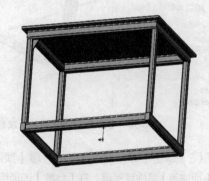

图 6-64 完成角撑板特征

（5）单击【焊件】工具栏中的 ☑【角撑板】按钮，弹出【角撑板】属性管理器，按图 6-65 所示进行参数设置。最后单击【角撑板】属性管理器中的 ✓【确定】按钮，完成角撑板特征，如图 6-66 所示。

（6）选择【插入】|【阵列/镜向】|【镜向】命令，单击弹出的【镜向】属性管理器中的 ☜【镜向面/基准面】选择框，选择【前视基准面】；单击 ☜【要镜向的特征】选择框，选择所建立的两个角撑

板特征，如图 6-67 所示。最后单击【镜向】属性管理器中的 ✓【确定】按钮，完成镜像特征，如图 6-68 所示。

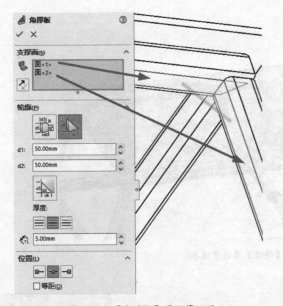

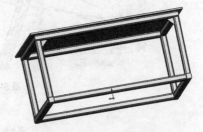

图 6-65　【角撑板】属性管理器　　　　　　　　图 6-66　完成角撑板特征

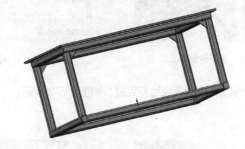

图 6-67　【镜向】属性管理器　　　　　　　　图 6-68　完成镜像特征

6.8.4　建立焊缝部分

（1）单击【焊件】工具栏中的 ▧【焊缝】按钮，弹出【焊缝】属性管理器，在 ▧【焊接终止点】选项中选择 4 个方形管的外侧表面，如图 6-69 所示。最后单击【焊缝】属性管理器中的 ✓【确定】按钮，完成焊缝特征，如图 6-70 所示。

（2）单击【焊件】工具栏中的 ▧【圆角焊缝】按钮，弹出【圆角焊缝】属性管理器，按图 6-71

所示进行参数设置。最后单击【圆角焊缝】属性管理器中的 ✓【确定】按钮，完成圆角焊缝特征，如图 6-72 所示。

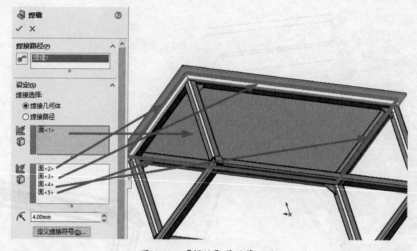

图 6-69 【焊缝】属性管理器

图 6-70 完成焊缝特征

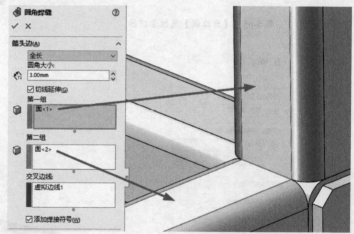

图 6-71 【圆角焊缝】属性管理器

至此，焊接件模型已经绘制完成，如图 6-73 所示。

图 6-72 完成圆角焊缝特征

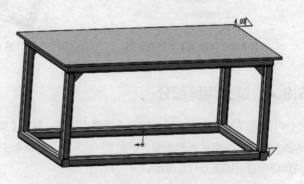

图 6-73 焊接件模型

本章小结

焊件特征的主要含义如下。

（1）结构构件：以草图为母线生成等截面的构件。

（2）剪裁：以某个平面或构件为刀具，剪裁其他的结构构件。

（3）圆角焊缝：在实体和结构构件之间生成焊缝。

（4）角撑板：在两个结构构件的夹角之处生成实体板材。

（5）顶端盖：在结构构件的开口处生成封闭的实体板材。

（6）焊缝：在结构构件的边线处生成焊缝。

课后习题

作业

利用【结构构件】【剪裁】等焊件命令建立床架模型。模型如图6-74所示。

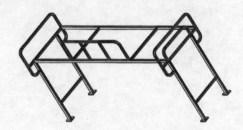

图6-74　床架模型

💡 解题思路

（1）选择【3D草图】命令绘制轮廓草图，如图6-75所示。

（2）利用【结构构件】命令生成单侧焊件，如图6-76所示。

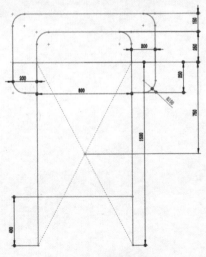

图6-75　轮廓草图

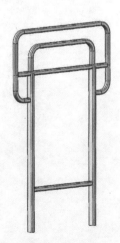

图6-76　单侧焊件

（3）利用【3D 草图】命令绘制水平方向草图，如图 6-77 所示。

（4）利用【结构构件】和【镜向】命令生成主体结构，如图 6-78 所示。

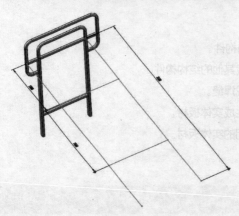

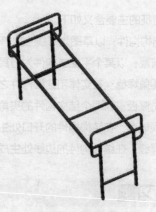

图 6-77　水平方向草图　　　　　　　　　　　　图 6-78　整体结构

（5）利用【结构构件】和【剪裁】命令生成最终模型。

第 7 章

装配体设计

学习目标

知识点

◇ 理解配合的含义。

◇ 掌握干涉检查的使用方法。

◇ 掌握装配体统计的使用方法。

◇ 掌握爆炸视图的使用方法。

◇ 掌握轴测剖视图的使用方法。

技能点

◇ 利用配合命令建立三维装配体。

◇ 对装配体模型进行干涉检查、装配体统计、建立爆炸视图和制作轴测剖视图。

7.1 装配体概述

装配体由许多零部件组成，这些零部件可以是零件或者其他装配体（被称为子装配体）。对大多数操作而言，零件和装配体的行为方式是相同的。当在 SolidWorks 中打开装配体时，将查找零部件文件以便在装配体中显示，同时零部件中的更改将自动反映在装配体中。

👆 建立装配体的方法

（1）自下而上的方法。"自下而上"设计法是比较传统的方法。先设计并造型零部件，然后将其插入装配体中，使用配合定位零部件。如果需要更改零部件，必须单独编辑零部件，更改可以反映在装配体中。

"自下而上"设计法对先前制造、现售的零部件，或者如金属器件、皮带轮、电动机等标准零部件而言属于优先技术，这些零部件不根据设计的改变而更改其形状和大小。

（2）自上而下的方法。在"自上而下"设计法中，零部件的形状、大小及位置可以在装配体中进行设计。"自上而下"设计法的优点是在设计更改发生时变动更少，零部件根据生成的方法进行自我更新。

可以在零部件的某些特征、完整零部件或者整个装配体中使用"自上而下"设计法。设计师通常在实践中使用"自上而下"设计法对装配体进行整体布局，并捕捉制作装配体特定的自定义零部件的关键环节。

7.2 建立配合

零件之间通过建立配合关系才能形成装配体。

7.2.1 配合概述

配合是在装配体零部件之间生成几何关系。当添加配合时，可定义零部件线性或旋转运动所允许的方向，可定义零部件移动的自由度，从而直观地显示装配体的行为。

7.2.2 配合属性管理器

单击【装配体】工具栏中的 🖉 【配合】按钮，或者选择【插入】|【配合】命令，弹出【配合】属性管理器，如图 7-1 所示。下面介绍各选项具体功能。

（1）【配合选择】选项组。

🖇 【要配合的实体】：选择要配合在一起的面、边线、基准面等。

🕅 【多配合模式】：以单一操作将多个零部件与一普通参考进行配合。

（2）【标准配合】选项组。

🗡 【重合】：将所选面、边线及基准面定位，这样它们共享同一个基准面。

🗞 【平行】：放置所选项，这样它们彼此间保持等间距。

⊥ 【垂直】：将所选实体以垂直方式放置。

🗠 【相切】：将所选实体以彼此间相切方式放置。

◎ 【同轴心】：让所选实体共享同一中心线。

🔒 【锁定】：保持两个零部件之间的相对位置和方向。

⊬【距离】：将所选实体以彼此间指定的距离放置。

⊿【角度】：将所选实体以彼此间指定的角度放置。

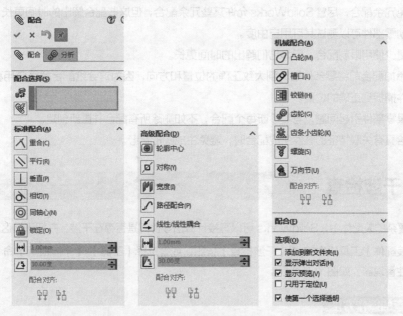

图 7-1 【配合】属性管理器

（3）【高级配合】选项组。

◉【轮廓中心】：将矩形和圆形轮廓互相中心对齐，并完全定义组件。

☒【对称】：迫使两个相同实体绕基准面或平面对称。

⋈【宽度】：将标签置于凹槽宽度内。

⌇【路径配合】：将零部件上所选的点约束到路径。

⌇【线性 / 线性耦合】：在一个零部件的平移和另一个零部件的平移之间建立几何关系。

⊬【距离限制】：允许零部件在距离配合的一定数值范围内移动。

⊿【角度限制】：允许零部件在角度配合的一定数值范围内移动。

（4）【机械配合】选项组。

⊘【凸轮】：迫使圆柱、基准面或点与一系列相切的拉伸面重合或相切。

⊘【槽口】：迫使滑块在槽口中滑动。

▦【铰链】：将两个零部件之间的移动限制在一定的旋转范围内。

⊘【齿轮】：强迫两个零部件绕所选轴彼此相对旋转。

⊛【齿条小齿轮】：一个零件（齿条）的线性平移引起另一个零件（齿轮）周转。

♈【螺旋】：将两个零部件约束为同心，还在一个零部件的旋转和另一个零部件的平移之间添加纵倾几何关系。

♠【万向节】：一个零部件（输出轴）绕自身轴的旋转是由另一个零部件（输入轴）绕其轴的旋转驱动的。

7.2.3 最佳配合方法

◆ 将所有零部件配合到一个或两个固定的零部件或参考。长串零部件解出的时间更长，更易产生配合错误。

◆ 不生成环形配合，因为它们在以后添加配合时可导致配合冲突。

◆ 避免冗余配合，尽管SolidWorks允许某些冗余配合，但这些配合解出的时间更长。

◆ 拖动零部件可以测试其可用自由度。

◆ 尽量少使用限制配合，因为它们解出的时间更长。

◆ 在添加配合前将零部件拖动到大致正确的位置和方向，因为这会给配合解算应用程序更佳的机会，将零部件捕捉到正确的位置。

◆ 如果零部件引起问题，与其诊断每个配合，不如删除所有配合并重新创建。

◆ 当给具有关联特征的零件生成配合时，避免生成圆形参考。

7.3 干涉检查

在一个复杂的装配体中，SolidWorks可以直接计算出零件间是否存在干涉，并把干涉区域显示出来。

单击【装配体】工具栏中的 🔀【干涉检查】按钮，或者选择【工具】|【干涉检查】命令，弹出【干涉检查】属性管理器，如图7-2所示。

👆 干涉检查的操作方法

（1）打开【本书电子资源\7\知识点讲解模型\7.3】文件，如图7-3所示。

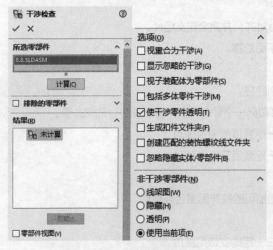

图7-2 【干涉检查】属性管理器

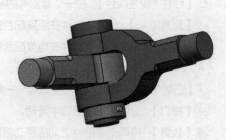

图7-3 打开装配体

（2）单击【装配体】工具栏中的 🔀【干涉检查】按钮，或选择【工具】|【干涉检查】命令，系统弹出【干涉检查】属性管理器。

（3）设置装配体干涉检查属性，如图7-4所示。

① 在【所选零部件】选项组中，系统默认选择整个装配体为检查对象。

② 在【选项】选项组中，勾选【使干涉零件透明】选项。

③ 在【非干涉零部件】选项组中，选中【使用当前项】单选按钮。

（4）单击【所选零部件】选项组中的【计算】按钮，此时在【结果】选项组中显示检查结果，如图7-5所示。

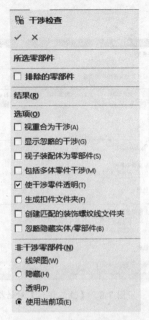
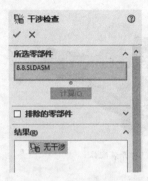

图 7-4 干涉检查属性设置   图 7-5 干涉检查结果

7.4 装配体统计

装配体统计可以在装配体中生成零部件和配合报告。

在装配体窗口中，选择【工具】|【评估】|【性能评估】命令，弹出【性能评估】对话框，如图 7-6 所示。

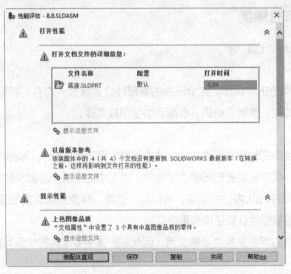

图 7-6 【性能评估】对话框

🖐 **生成装配体统计的操作方法**

（1）打开【本书电子资源 \7\ 知识点讲解模型 \7.4】文件，如图 7-7 所示。

（2）单击【装配体】工具栏中的 🗼【性能评估】按钮，或选择【工具】|【性能评估】命令，系统弹

出【性能评估】对话框，如图 7-8 所示。

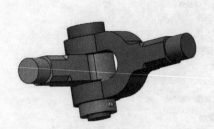

图 7-7　打开装配体

图 7-8　【性能评估】对话框

（3）在【性能评估】对话框中，ℹ️图标下列出了装配体的所有相关统计信息。

7.5　装配体中零部件的压缩状态

根据某段时间内的工作范围，可以指定合适的零部件压缩状态，这样可以减少工作时装入和计算的数据量，装配体的显示和重建速度会更快，也可以更有效地使用系统资源。

7.5.1　压缩状态的种类

装配体零部件共有 3 种压缩状态。

1. 还原

还原是装配体零部件的正常状态。完全还原的零部件会完全装入内存，可以使用所有功能及模型数据，并可以完全访问、选取、参考、编辑、在配合中使用其实体。

2. 压缩

（1）可以使用压缩状态暂时将零部件从装配体中移除（而不是删除），零部件不装入内存，也不再是装配体中有功能的部分，用户无法看到压缩的零部件，也无法选择这个零部件的实体。

（2）一个压缩的零部件将从内存中移除，所以装入速度、重建模型速度和显示性能均有提高，由于减少了复杂程度，其余的零部件计算速度会更快。

（3）压缩零部件包含的配合关系也会被压缩，因此装配体中零部件的位置可能变为"欠定义"。

3. 轻化

可以在装配体中激活的零部件完全还原或者轻化时装入装配体，零件和子装配体都可以为轻化。

（1）当零部件完全还原时，其所有模型数据被装入内存。

（2）当零部件为轻化时，只有部分模型数据被装入内存，其余的模型数据根据需要被装入。

零部件的完整模型数据只有在需要时才被装入，所以轻化零部件的效率很高。只有受当前编辑进程中所做更改影响的零部件才被完全还原，可以不对轻化零部件还原而进行多项装配体操作，包括添加

（或者移除）配合、干涉检查、边线选择、零部件选择、碰撞检查、插入装配体特征、插入注解、插入测量、插入尺寸、显示截面属性、显示装配体参考几何体、显示质量属性、插入剖面视图、插入爆炸视图、物理模拟、高级显示（或者隐藏）零部件等。

7.5.2　压缩零件的方法

压缩零件的方法如下所述。

（1）在装配体窗口中，在【特征管理器设计树】中右击零部件名称，或者在图形区域中单击零部件。

（2）在弹出的快捷菜单中选择【压缩】命令，选择的零部件被压缩，在图形区域中该零件被隐藏。

7.6　爆炸视图

在装配体的爆炸视图中，可以分离其中的零部件以便查看该装配体。一个爆炸视图由一个或者多个爆炸步骤组成，每一个爆炸视图保存在所生成的装配体配置中，而每一个配置都可以有一个爆炸视图。

单击【装配体】工具栏中的 【爆炸视图】按钮，或者选择【插入】|【爆炸视图】命令，弹出【爆炸】属性管理器，如图 7-9 所示。

生成爆炸视图的操作方法

（1）打开【本书电子资源 \7\ 知识点讲解模型 \7.6】文件，如图 7-10 所示。

图 7-9　【爆炸】属性管理器

图 7-10　打开装配体

（2）单击【装配体】工具栏中的 【爆炸视图】按钮，或选择【插入】|【爆炸视图】命令，系统弹出【爆炸】属性管理器。

（3）创建第一个零部件的爆炸视图。

① 在【添加阶梯】选项组中，定义要爆炸的零件，单击 【爆炸步骤的零部件】选择框，选择图 7-11 所示的联轴节为要移动的零件。

② 确定爆炸方向。选取 Y 轴为移动方向。

③ 定义移动距离。在【爆炸距离】文本框中输入值【120.00mm】。

（4）单击【应用】按钮，出现预览视图，再单击【完成】按钮，完成一个零部件的爆炸视图，如图 7-12 所示。

图 7-11 设置爆炸参数 　　　　　　图 7-12 显示爆炸效果

7.7 轴测剖视图

隐藏零部件、更改零部件透明度等是观察装配体模型的常用手段，但在许多产品中零部件之间的空间关系非常复杂，具有多重嵌套关系，需要进行剖切才能便于观察其内部结构。借助 SolidWorks 中的装配体特征可以实现轴测剖视图的功能。

在装配体窗口中，选择【插入】|【装配体特征】|【切除】|【拉伸】命令，弹出【切除 - 拉伸】属性管理器，如图 7-13 所示。

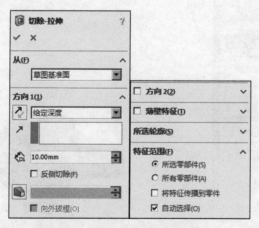

图 7-13 【切除 - 拉伸】属性管理器

生成轴测剖视图的操作方法

（1）打开【本书电子资源 \7\ 知识点讲解模型 \7.7】文件，如图 7-14 所示。

（2）右击【特征管理器设计树】中的【上视基准面】按钮，单击 【草图绘制】按钮，进入草图绘制状态。单击【草图】工具栏中的 【矩形】按钮，绘制矩形，如图 7-15 所示。

图 7-14　打开装配体

图 7-15　绘制矩形

（3）在装配体窗口中，选择【插入】|【装配体特征】|【切除】|【拉伸】命令，弹出【切除-拉伸】属性管理器。在【方向 1】选项组中，设置 【终止条件】为【完全贯穿-两者】，如图 7-16 所示。

（4）单击 【确定】按钮，装配体将生成轴测剖视图，如图 7-17 所示。

图 7-16　设置选项

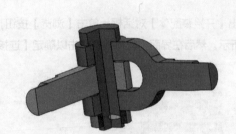

图 7-17　生成轴测剖视图

7.8　课堂练习

本练习讲解连接头模型的装配过程，模型如图 7-18 所示。

图 7-18　连接头模型

接下来讲述具体操作步骤。

7.8.1　插入连接头零件

（1）启动中文版 SolidWorks 2022，单击【标准】工具栏中的 【新建】按钮，弹出【新建

SOLIDWORKS 文件】对话框，单击【gb_assembly】按钮，如图 7-19 所示。单击【确定】按钮。

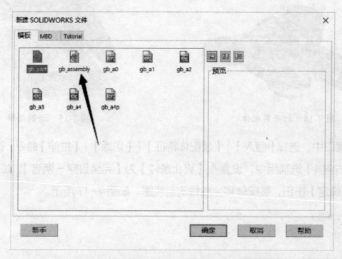

图 7-19 【新建 SOLIDWORKS 文件】对话框

（2）弹出【开始装配体】对话框，单击【浏览】按钮，选择【连接头 2】零件，单击【打开】按钮，如图 7-20 所示。然后在界面内随意一处单击以确定【连接头 2】放置位置。

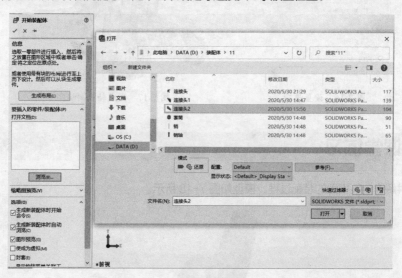

图 7-20 插入零件

（3）单击【装配体】工具栏中的 【插入零部件】按钮，单击▼图标，单击 【插入零部件】按钮，弹出【插入零部件】属性管理器。单击【浏览】按钮，选择【连接头 1】，如图 7-21 所示。单击【打开】按钮，将【连接头 1】放入视图内，此时【连接头 1】为浮动状态，即在【特征管理器设计树】中，零件【连接头 1】前出现"（-）"，如图 7-22 所示。

（4）单击【装配体】工具栏中的 【配合】按钮，弹出【配合】属性管理器。单击【高级配合】选项组中的 【宽度】按钮，如图 7-23 所示进行参数设置。

（5）单击 【要配合的实体】选择框，选择图 7-24 所示的圆孔边线和面，单击【标准配合】选项组的 【同轴心】按钮，其他保持默认，单击 【确定】按钮，完成同轴心的配合。

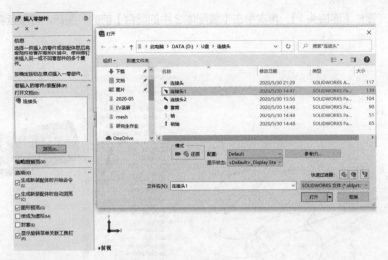

图 7-21　打开连接头 1

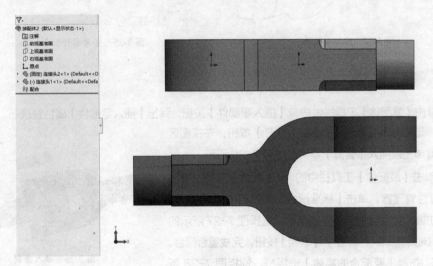

图 7-22　放置连接头 1

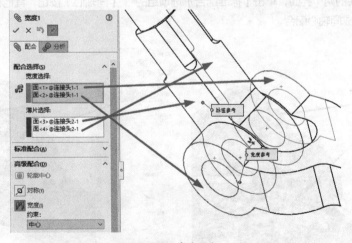

图 7-23　宽度配合

（6）现在查看零件连接头的约束情况。在装配体的【特征管理器设计树】中单击【连接头 1】前

的 ▶ 图标，展开零件【连接头 1】，再次单击【装配体 2 中的配合】前的 ▶ 图标，可以查看图 7-25 所示的配合类型。

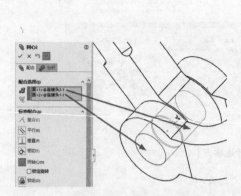

图 7-24　同轴心配合

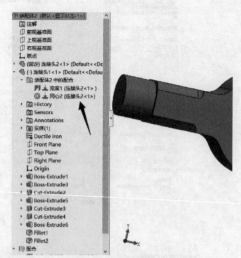

图 7-25　查看零件配合

7.8.2　插入套筒

（1）单击【装配体】工具栏中的 📥【插入零部件】按钮，弹出【插入零部件】属性管理器。单击【浏览】按钮，选择零件【套筒】，单击【打开】按钮，在视图区域合适位置单击以插入【套筒】零件，如图 7-26 所示。

（2）单击【装配体】工具栏中的 ◎【配合】按钮，弹出【配合】属性管理器。单击【标准配合】选项组的 ⋏【重合】按钮。单击 ⊞【要配合的实体】选择框，选择图 7-27 所示的两个面，其他保持默认，单击 ✔【确定】按钮，完成重合配合。

（3）单击 ⊞【要配合的实体】选择框，选择图 7-28 所示的套筒和连接头的两个孔面，单击【标准配合】选项组的 ◎【同轴心】按钮，其他保持默认，单击 ✓【确定】按钮，完成同轴心配合。

图 7-26　插入套筒

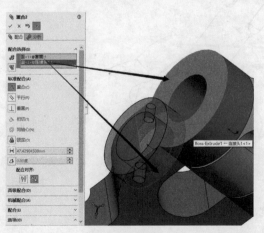

图 7-27　重合配合

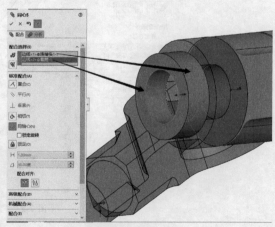

图 7-28　同轴心配合

7.8.3 插入销轴

（1）单击【装配体】工具栏中的 【插入零部件】按钮，弹出【插入零部件】属性管理器。单击【浏览】按钮，选择零件【销轴】，单击【打开】按钮，在视图区域合适位置单击以插入【销轴】零件，如图 7-29 所示。

（2）为了便于进行配合约束，先旋转【销轴】。单击【装配体】工具栏中的 【移动零部件】的下拉按钮，单击 【旋转零部件】按钮，弹出【旋转零部件】属性管理器，此时鼠标指针变为 形状。旋转至合适位置，单击 【确定】按钮，如图 7-30 所示。

图 7-29　插入销轴

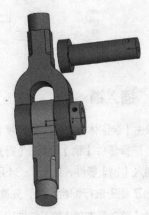

图 7-30　旋转销轴

（3）单击【装配体】工具栏中的 【配合】按钮，弹出【配合】属性管理器。单击【标准配合】选项组的 【同轴心】按钮。单击 【要配合的实体】选择框，选择图 7-31 所示的销轴和套筒的两个孔面，其他保持默认，单击 【确定】按钮，完成同轴心配合。

（4）在 【要配合的实体】选择框中，选择图 7-32 所示的销轴和连接头 1 的两个面，单击【标准配合】选项组的 【重合】按钮，其他保持默认，单击 【确定】按钮，完成重合配合。

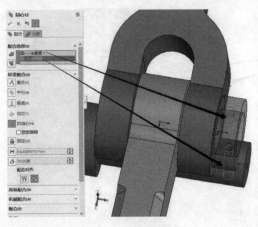

图 7-31　同轴心配合

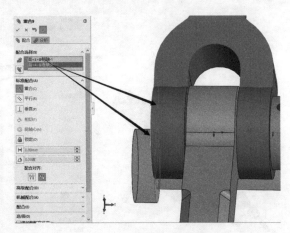

图 7-32　重合配合

（5）单击 【要配合的实体】选择框，选择图 7-33 所示的销轴和连接头 1 的两个面，单击【标准配合】选项组的 【同轴心】按钮，其他保持默认，单击 【确定】按钮，完成同轴心配合。

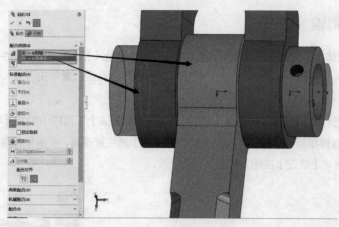

图 7-33　同轴心配合

7.8.4　插入销

（1）单击【装配体】工具栏中的 🔩【插入零部件】按钮，弹出【插入零部件】属性管理器。单击【浏览】按钮，选择零件【销】，单击【打开】按钮，在视图区域合适位置单击以插入【销】零件，如图 7-34 所示。

（2）为了便于进行配合约束，先旋转【销】。单击【装配体】工具栏中的 🖱【移动零部件】的下拉按钮，单击 🔄【旋转零部件】按钮，弹出【旋转零部件】属性管理器，此时鼠标指针变为 ↻ 形状，旋转至合适位置，单击 ✓【确定】按钮，如图 7-35 所示。

（3）单击【装配体】工具栏中的 🔩【配合】按钮，弹出【配合】属性管理器。单击【标准配合】选项组的 ⟋【重合】按钮。单击 🔩【要配合的实体】选择框，选择图 7-36 所示的销和套筒的两个孔面，其他保持默认，单击 ✓【确定】按钮，完成重合配合。

图 7-34　插入销

图 7-35　旋转销轴

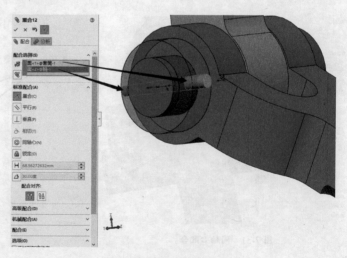

图 7-36　重合配合

（4）单击 ×【关闭】按钮，结束配合命令。最终连接头的装配体如图 7-37 所示。

图 7-37　完成连接头配合约束

本章小结

装配体的主要命令含义如下。

（1）配合：设置两个零件之间的关系。

（2）干涉检查：检查两个及以上零件的干涉情况，并高亮显示。

（3）装配体统计：对装配体的零件个数及类别进行统计。

（4）爆炸视图：将装配体的各个零件爆炸开来，显示内部情况。

（5）轴测剖视图：通过【拉伸切除】命令显示装配体内部结构。

课后习题

作业

将给定的零件组装成万向节。模型如图 7-38 所示。

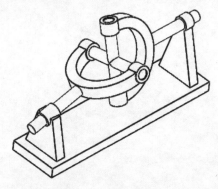

图 7-38　万向节模型

💡 解题思路

（1）插入零件后，回转部分设置为【同心】配合，共有 4 个同心配合，如图 7-39 所示。

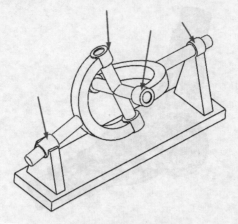

图 7-39　4 处同心配合

（2）使用【距离】配合定位左侧拨叉的位置，如图 7-40 所示。

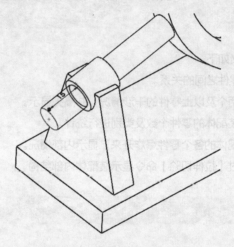

图 7-40　【距离】配合

第 8 章

工程图制作

学习目标

知识点

◇ 理解图纸的基本设置，包括绘图标准、图层、线型等。

◇ 掌握建立视图的各种方法。

◇ 掌握工程图尺寸标注的方法。

◇ 掌握添加注释的方法。

技能点

◇ 利用视图命令建立各种视图。

◇ 在视图中添加尺寸和注释等信息。

8.1 基本设置

在绘制工程图之前，有些参数需要提前设置，包括图纸格式、线型和图层。

8.1.1 图纸格式的设置

1. 标准图纸格式

SolidWorks 提供了各种大小的标准图纸格式。可以在【图纸属性】对话框的【标准图纸大小】列表框中进行选择。单击【浏览】按钮，可以加载用户自定义的图纸格式。【图纸属性】对话框如图 8-1 所示，其中勾选【显示图纸格式】选项可以显示边框、标题栏等。

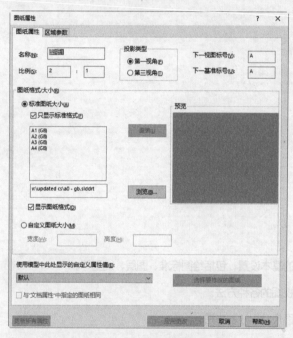

图 8-1 【图纸属性】对话框

2. 无图纸格式

选中【自定义图纸大小】单选按钮可以定义图纸格式，即选择无边框、无标题栏的空白图纸。此选项要求指定纸张大小，也可以定义用户自己的格式，如图 8-2 所示。

👆 使用图纸格式的操作方法

（1）单击【标准】工具栏中的【新建】按钮，在【新建 SOLIDWORKS 文件】对话框中选择【工程图】，并单击【确定】按钮，弹出【图纸属性】对话框，选中【标准图纸大小】单选按钮，在列表框中选择【A1】选项，单击【确定】按钮，如图 8-3 所示。

（2）在【特征管理器设计树】中单击 ✖【取消】按钮，然后在图形区域中即出现 A1 格式的图纸，如图 8-4 所示。

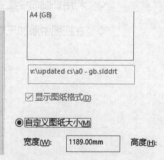

图 8-2 选中【自定义图纸大小】
单选按钮

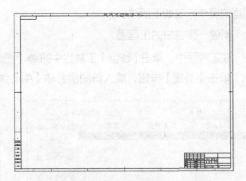

图 8-3　标准图纸格式设置　　　　　　　　　图 8-4　A1 格式图纸

8.1.2　线型设置

对于视图中图线的线色、线粗、线型、颜色显示模式等，可以利用【线型】工具栏进行设置。【线型】工具栏如图 8-5 所示，其中的工具按钮介绍如下。

【图层属性】：设置图层属性（如颜色、厚度、样式等），将实体移动到图层中，然后为新的实体选择图层。

图 8-5　【线型】工具栏

【线色】：可以对图线颜色进行设置。

【线粗】：单击该按钮，会弹出图 8-6 所示的【线粗】菜单，可以对图线粗细进行设置。

【线条样式】：单击该按钮，会弹出图 8-7 所示的【线条样式】菜单，可以对图线样式进行设置。

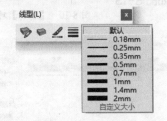

图 8-6　【线粗】菜单

图 8-7　【线条样式】菜单

【隐藏和显示边线】：切换隐藏和显示边线。

【颜色显示模式】：线色会在所设置的颜色中进行切换。

在工程图中如果需要对线型进行设置，一般在绘制草图实体之前，利用【线型】工具栏中的【线色】【线粗】和【线条样式】按钮设置将要绘制的图线所需的格式，这样可以使被添加到工程图中的草图实体均使用指定的线型格式，直到重新设置另一种格式为止。

8.1.3　图层设置

在工程图文件中，可以根据用户需求建立图层，并为每个图层上生成的新实体指定线条颜色、线条粗细和线条样式。新的实体会自动添加到激活的图层中，图层可以被隐藏或者显示，另外，还可以将实体从一个图层移动到另一个图层。创建好工程图的图层后，可以分别为每个尺寸、注解、表格和视图标号等局部视图选择不同的图层设置。如果将 *.DXF 或者 *.DWG 文件输入 SolidWorks 工程图中，会自动生成图层。在最初生成 *.DXF 或者 *.DWG 文件的系统中指定的图层信息（如名称、属性和实体位置等）将被保留。

图层的操作方法如下所述。

（1）新建一张空白的工程图。

（2）在工程图中，单击【线型】工具栏中的 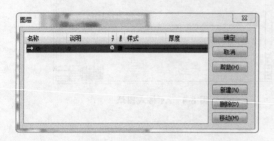【图层属性】按钮，弹出图 8-8 所示的【图层】对话框。

（3）单击【新建】按钮，输入新图层名称【中心线】，如图 8-9 所示。

图 8-8 　【图层】属性管理器 　　　　　　　　　　图 8-9 　新建图层

（4）更改图层默认图线的颜色、样式和厚度等。

①【颜色】：单击【颜色】下的方框，弹出图 8-10 所示的【颜色】对话框，可以选择或者设置颜色，这里选择红色。

②【样式】：单击【样式】下的图线，在弹出的菜单中选择图线样式，这里选择【中心线】样式，如图 8-11 所示。

③【厚度】：单击【厚度】下的直线，在弹出的菜单中选择图线的粗细，这里选择【0.18mm】所对应的线宽，如图 8-12 所示。

（5）单击【确定】按钮，即完成为文件建立新图层的操作，如图 8-13 所示。

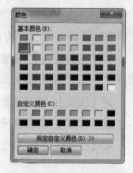

图 8-10 　【颜色】对话框

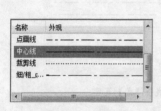 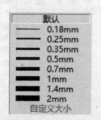 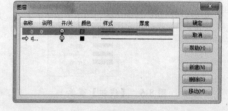

图 8-11 　选择样式 　　　　图 8-12 　选择厚度 　　　　图 8-13 　图层新建完成

当生成新的工程图时，必须选择图纸格式。可以采用标准图纸格式，也可以自定义和修改图纸格式。设置图纸格式有助于生成具有统一格式的工程图。

8.2 　建立视图

工程图文件主要由标准三视图、投影视图、剖面视图、局部视图和断裂视图等组成。

8.2.1 　标准三视图

标准三视图可以生成 3 个默认的正交视图，其中主视图方向为零件或者装配体的前视，其他两个视图依照投影方法的不同而不同。

生成标准三视图的操作方法

（1）打开【本书电子资源 \8\ 知识点讲解模型 \8.2.1】文件。

（2）单击【工程图】工具栏中的 【标准三视图】按钮，或选择【插入】|【工程图视图】|【标准三视图】命令，出现【标准三视图】属性管理器，单击【浏览】按钮打开一个零件文件，工程图中出现了三视图，如图 8-14 所示。

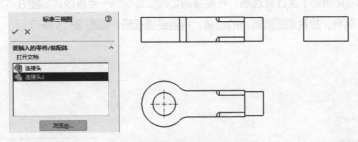

图 8-14　创建标准三视图

8.2.2　投影视图

投影视图是根据已有视图利用正交投影生成的视图。投影视图的投影方法是根据在【图纸属性】对话框中所设置的第一视角或者第三视角投影类型而确定的。

生成投影视图的操作方法

（1）打开【本书电子资源 \8\ 知识点讲解模型 \8.2.2】文件，如图 8-15 所示。

（2）单击【工程图】工具栏中的 【投影视图】按钮，或选择【插入】|【工程视图】|【投影视图】命令，出现【投影视图】属性管理器，单击要投影的视图，移动鼠标指针将投影视图放置到合适位置，如图 8-16 所示。

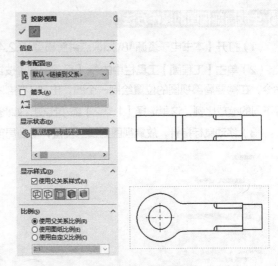

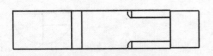

图 8-15　打开工程图文件　　　　　　　　图 8-16　创建投影视图

8.2.3　剖面视图

剖面视图是通过一条剖切线切割父视图而生成的，属于派生视图，可以显示模型内部的形状和尺寸。

剖面视图可以是剖切面，也可以是用阶梯剖切线定义的等距剖面视图，并可以生成半剖视图。

生成剖面视图的操作方法

（1）打开【本书电子资源 \8\ 知识点讲解模型 \8.2.3】文件。

（2）单击【工程图】工具栏中的 ⚡【剖面视图】按钮，或选择【插入】|【工程图视图】|【剖面视图】命令，出现【剖面视图辅助】属性管理器，在需要剖切的位置绘制一条直线，如图 8-17 所示。

（3）移动鼠标指针，放置视图到适当的位置，得到剖面视图，如图 8-18 所示。

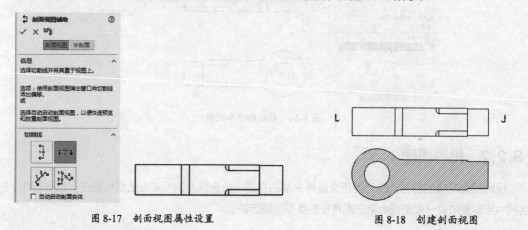

图 8-17　剖面视图属性设置　　　　　　　图 8-18　创建剖面视图

8.2.4　局部视图

局部视图是一种派生视图，可以用来显示父视图的某一局部形状，通常采用放大比例显示。局部视图的父视图可以是正交视图、空间（等轴测）视图、剖面视图、剪裁视图、爆炸装配体视图或者另一局部视图，但不可以是在透视图中生成模型的局部视图。

生成局部视图的操作方法

（1）打开【本书电子资源 \8\ 知识点讲解模型 \8.2.4】文件。

（2）单击【工程图】工具栏中的 🅐【局部视图】按钮，或选择【插入】|【工程图视图】|【局部视图】命令，在需要局部视图的位置绘制一个圆，出现【局部视图】属性管理器，在【比例】选项组中可以选择不同的缩放比例，这里选择【1：2】缩小比例，如图 8-19 所示。

（3）移动鼠标指针，放置视图到适当位置，得到局部视图，如图 8-20 所示。

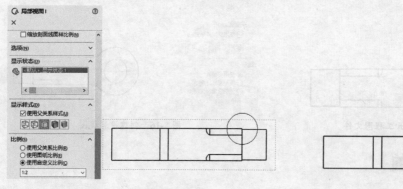

图 8-19　局部视图属性设置　　　　　　　图 8-20　创建局部视图

8.2.5　断裂视图

对于一些较长的零件（如轴、杆、型材等），当沿着长度方向的形状统一（或者按一定规律）变化时，可以用折断显示的断裂视图来表达，这样就可以将零件以较大比例显示在较小的工程图纸上。断裂视图可以应用于多个视图，并可根据要求撤销断裂视图。

👆 **生成断裂视图的操作方法**

图 8-21　打开工程图

（1）打开【本书电子资源 \8\ 知识点讲解模型 \8.2.5】文件，如图 8-21 所示。

（2）选择要断裂的视图，然后单击【工程图】工具栏中的 🕪【断裂视图】按钮，或选择【插入】|【工程视图】|【断裂视图】命令，出现【断裂视图】属性管理器，在【断裂视图设置】选项组中，选择 🕪【添加竖直折断线】选项，在【缝隙大小】文本框中输入【10mm】，【折断线样式】选择 ▤▤【锯齿线切断】，在图形区域中出现了折线，如图 8-22 所示。

（3）移动鼠标指针，选择两个位置，单击以放置折断线，得到断裂视图，如图 8-23 所示。

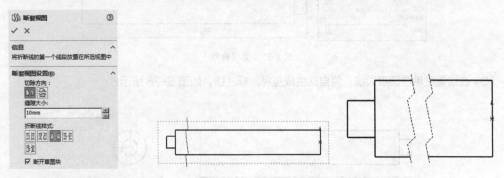

图 8-22　【断裂视图】属性管理器　　　　　图 8-23　创建断裂视图

8.3　标注尺寸

工程图中的几何元素是通过标注尺寸来进行定位的。

8.3.1　标注草图尺寸

工程图中的尺寸标注是与模型相关联的，而且模型中的变更将直接反映到工程图中。

◆　模型尺寸。通常在生成每个零件特征时即生成尺寸，然后将这些尺寸插入各个工程图中。

◆　参考尺寸。也可以往工程图文档中添加尺寸，但是这些尺寸是参考尺寸。

◆　颜色。在默认情况下，模型尺寸标注为黑色。

◆　箭头。尺寸被选中时尺寸箭头上出现圆形控标。

◆　隐藏和显示尺寸。可单击【注解】工具栏上的【隐藏/显示注解】按钮，或通过【视图】菜单来隐藏和显示尺寸。

8.3.2　添加尺寸标注的操作方法

（1）打开【本书电子资源 \8\ 知识点讲解模型 \8.3.2】文件，如图 8-24 所示。

图 8-24 打开工程图（1）

（2）单击【注解】工具栏中的 ✎ 【尺寸标注】按钮，出现【尺寸】属性管理器，属性管理器中各个选项保持默认设置，在绘图区单击图纸的边线，将自动生成直线标注尺寸，如图 8-25 所示。

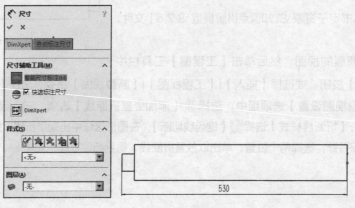

图 8-25 直线标注

（3）在绘图区单击圆形边线，将自动生成直径的标注线，如图 8-26 所示。

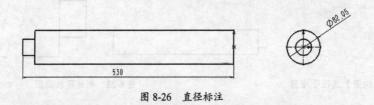

图 8-26 直径标注

8.4 添加注释

利用【注释】工具可以在工程图中添加文字信息和一些特殊要求的标注形式。注释文字可以独立浮动，也可以指向某个对象（如面、边线或者顶点等）。注释中可以包含文字、符号、参数文字或者超文本链接。如果注释中包含引线，则引线可以是直线、折弯线或者多转折引线。

添加注释的操作方法

（1）打开【本书电子资源 \8\ 知识点讲解 \8.4】文件，如图 8-27 所示。

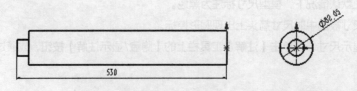

图 8-27 打开工程图（2）

（2）单击【注解】工具栏中的 **A**【注释】按钮，出现【注释】属性管理器，在【注释】属性管理器中，保持默认设置，如图 8-28 所示。

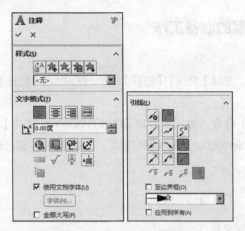

图 8-28 【注释】属性管理器

（3）移动鼠标指针，在绘图区单击空白处，出现文本框，在其内输入文字，形成注释，如图 8-29 所示。

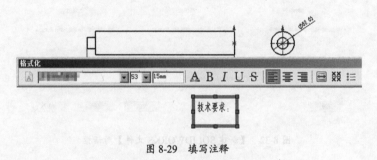

图 8-29 填写注释

8.5 课堂练习1——板零件工程图

本例将生成一个板零件模型，如图 8-30 所示，以及板工程图模型，如图 8-31 所示。本模型的制作步骤有建立工程图前的准备工作、插入视图、绘制剖视图、标注零件图尺寸、标注零件图粗糙度、添加技术要求。

图 8-30 板零件模型

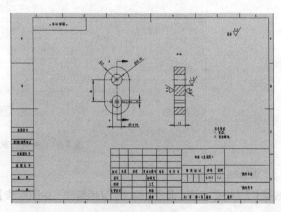

图 8-31 板工程图模型

接下来讲述具体操作步骤。

8.5.1 建立工程图前的准备工作

（1）打开零件。

启动中文版 SolidWorks，选择【文件】|【打开】命令，在弹出的【打开】对话框中选择【板】零件图。

（2）新建工程图纸。

选择【文件】|【新建】命令，弹出【新建 SOLIDWORKS 文件】对话框，如图 8-32 所示。单击【高级】按钮，可选 SolidWorks 自带的图纸模板，选取国标 A4 图纸格式，如图 8-33 所示。

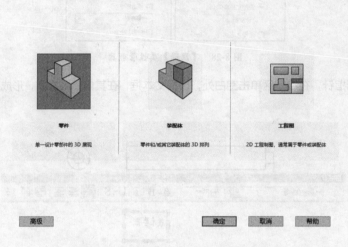

图 8-32　【新建 SOLIDWORKS 文件】对话框

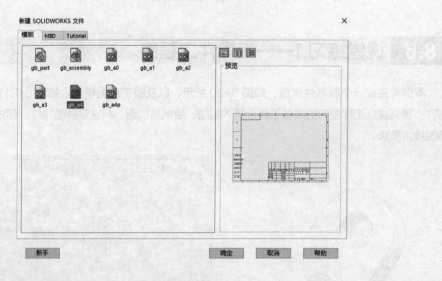

图 8-33　模板选取

（3）设置绘图标准。

选择【工具】|【选项】命令，弹出【文档属性－绘图标准】对话框，如图 8-34 所示，单击【文档属性】选项卡。

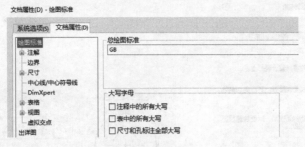

图 8-34　文档属性

按照图 8-34 中所示将【总绘图标准】设置为【GB】(国标),单击【确定】按钮。

8.5.2　插入视图

选择【插入】|【工程图视图】|【模型】命令,弹出【模型视图】属性管理器,如图 8-35 所示。单击【打开文档】选择框,选择【板】选项,并双击该零件确定。在图纸上单击以放置【板】零件,然后单击 ✓【确定】按钮,插入图纸上的视图如图 8-36 所示。

图 8-35　【模型视图】属性管理器

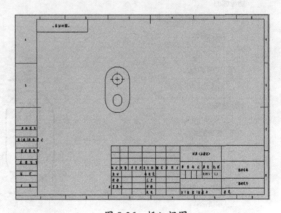

图 8-36　插入视图

8.5.3　绘制剖面视图

(1)单击【插入】|【工程图视图】|【剖面视图】按钮,弹出【剖面视图辅助】属性管理器,在【剖面视图辅助】属性管理器中单击【剖面视图】选项卡,并在【剖面视图】中的【切割线】选项组中选择 【竖直】选项,如图 8-37 所示。在图形区域选择【板】零件图形的竖直中心线,并单击以确认,在右侧弹出的快捷菜单中单击 ✓【确定】按钮,如图 8-38 所示。

(2)此时将弹出【剖面视图 A-A】属性管理器,在【剖面视图 A-A】属性管理器中单击【反转方向】按钮,使其向右侧进行剖切,在 【标号】文本框中输入【A】,如图 8-39 所示。在当前视图的右侧单击以放置【剖面视图 A-A】,然后单击【剖面视图 A-A】属性管理器的 ✓【确定】按钮,如图 8-40 所示。

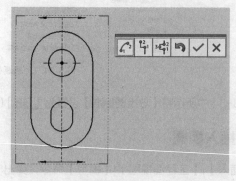

图 8-37　【剖面视图辅助】属性管理器　　　　　图 8-38　选择剖面

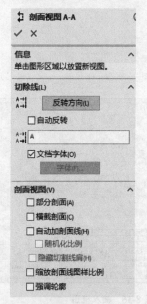

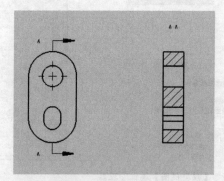

图 8-39　【剖面视图 A-A】属性管理器　　　　　图 8-40　放置剖面视图

8.5.4　标注零件图尺寸

（1）标注中心符号线。

选择【插入】|【注解】|【中心符号线】命令，弹出【中心符号线】属性管理器，在【手工插入选项】选项组中选择 ┿ 【单一符号中心线】选项，勾选【槽口中心符号线】选项，在【槽口中心符号线】选项中选择 ▭ 【槽口端点】选项，如图 8-41 所示。

在【主视图】的槽口处单击圆弧边，标注中心符号线后的图形如图 8-42 所示。

在【主视图】的外侧单击圆弧边，然后单击【中心符号线】属性管理器的 ✓【确定】按钮，标注中心符号线后的图形如图 8-43 所示。

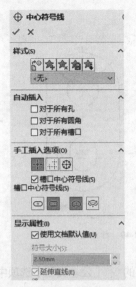
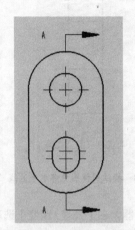
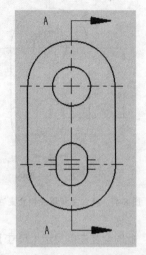

图 8-41 【中心符号线】属性管理器　图 8-42 标注中心符号线后的图形（1）　图 8-43 标注中心符号线后的图形（2）

（2）标注中心线。

选择【插入】|【注解】|【中心线】命令，弹出【中心线】属性管理器，如图 8-44 所示。

在【剖面视图 A-A】的圆柱面处单击两条边线，然后单击【中心线】属性管理器的 ✓【确定】按钮，如图 8-45 所示。

（3）标注外形尺寸。

单击【Command Manager】工具栏中的【注解】选项卡，在【注解】选项卡中单击 ✐【智能尺寸】按钮，单击主视图中的上侧圆弧，并在图形外单击以放置尺寸，如图 8-46 所示。

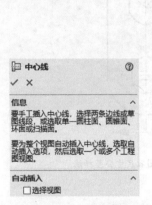
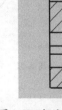
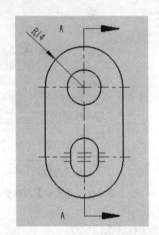

图 8-44 【中心线】属性管理器　图 8-45 标注中心线后的图形　图 8-46 标注主视图上侧圆弧

单击主视图中的左侧竖直边线，并在图形外单击以放置尺寸，如图 8-47 所示。单击剖视图中的底部水平边线，并在图形外单击以放置尺寸，如图 8-48 所示。

（4）标注圆孔尺寸。

单击【Command Manager】工具栏中的【注解】选项卡，在【注解】选项卡中单击 ✐【智能尺寸】按钮，单击主视图中的上侧圆孔，并在图形外单击以放置尺寸，如图 8-49 所示。

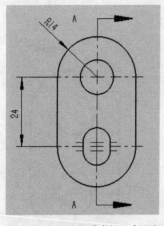
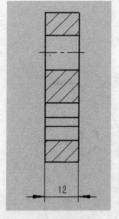
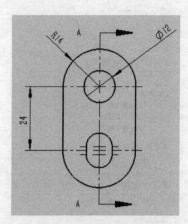

图 8-47　标注主视图左侧竖直边线　　图 8-48　标注剖视图底部水平边线　　图 8-49　标注圆孔基本尺寸

　　此时会在左侧显示【尺寸】属性管理器，在【公差／精度】选项组中的 $1^{.01}_{.50}$ 【公差类型】选项中选择【套合】选项，在 【分类】选项中选择【用户定义】选项，在 【孔套合】选项中选择【H7】选项，单击 【线性显示】按钮，如图 8-50 所示。单击【尺寸】属性管理器的 ✔ 【确定】按钮，完成圆孔尺寸公差标注，如图 8-51 所示。

图 8-50　【尺寸】属性管理器

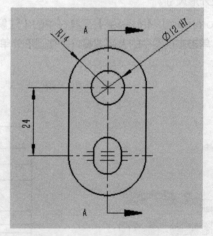

图 8-51　完成圆孔尺寸公差标注

　　（5）标注槽口尺寸。

　　单击【Command Manager】工具栏中的【注解】选项卡，在【注解】选项卡中单击 【智能尺寸】按钮，单击主视图中槽口的右侧竖直边线，并在图形外单击以放置尺寸，如图 8-52 所示。

　　单击主视图中槽口的左右两条竖直边线，并在图形外单击以放置尺寸，如图 8-53 所示。此时会在左侧显示【尺寸】属性管理器，在【公差／精度】选项组中的 $1^{.01}_{.50}$ 【公差类型】选项中选择【套合】选项，在 【分类】选项中选择【用户定义】选项，在 【孔套合】选项中选择【H9】选项，单击 【线性显示】按钮，在【标注尺寸文字】选项组中单击 ∅ 【直径】按钮，如图 8-54 所示。单击【尺寸】属性

管理器的 ✓【确定】按钮，完成槽口尺寸公差标注，如图 8-55 所示。

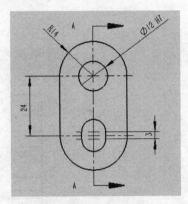

图 8-52　标注槽口长度

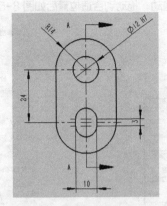

图 8-53　标注槽口宽度

图 8-54　【尺寸】属性管理器

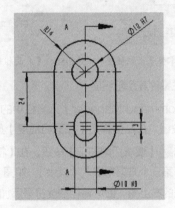

图 8-55　完成槽口尺寸公差标注

8.5.5　标注零件图粗糙度

（1）标注零件表面粗糙度。

单击【Command Manager】工具栏中的【注解】选项卡，在【注解】选项卡中单击 ✓【表面粗糙度符号】按钮，在左侧弹出【表面粗糙度】属性管理器，在【表面粗糙度】属性管理器中的【符号】选项组中单击 ✓【要求切削加工】按钮，在【符号布局】选项组下第二个方框中填入【0.8】，如图 8-56 所示。

分别单击剖视图的左右表面，即可连续将粗糙度符号添加到视图的表面，如图 8-57 所示。

（2）标注零件圆孔粗糙度。

单击【Command Manager】工具栏中的【注解】选项卡，在【注解】选项卡中单击 ✓【表面粗糙度符号】按钮，在左侧弹出【表面粗糙度】属性管理器，在【表面粗糙度】属性管理器中的【符号】选项组中单击 ✓【要求切削加工】按钮，在【符号布局】选项组下第二个方框中填入【1.6】，如图 8-58 所示。

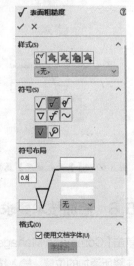

图 8-56　【表面粗糙度】属性管理器

单击剖视图的圆孔下表面，即可将粗糙度符号添加到该处，按住鼠标左键向右拖动粗糙度符号，即可将其向右拖动，拖动到合适位置后如图 8-59 所示。

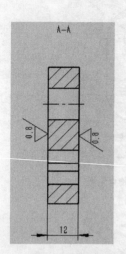

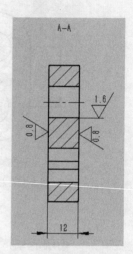

图 8-57　完成零件表面粗糙度　　图 8-58　【表面粗糙度】属性管理器（1）　　图 8-59　完成零件圆孔粗糙度的标注

（3）标注零件其余粗糙度。

单击【Command Manager】工具栏中的【注解】选项卡，在【注解】选项卡中单击 √【表面粗糙度符号】按钮，在左侧弹出【表面粗糙度】属性管理器，在【表面粗糙度】属性管理器中的【符号】选项组中单击 √【要求切削加工】按钮，在【符号布局】选项组下第二个方框中填入【6.3】，在【符号布局】选项下第三个方框中填入【其余】，如图 8-60 所示。

单击图纸的右上角，即可将粗糙度符号添加到该处，如图 8-61 所示。

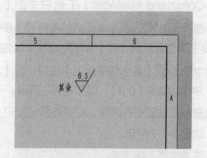

图 8-60　【表面粗糙度】属性管理器（2）　　　　图 8-61　完成零件其余表面粗糙度的标注

8.5.6　添加技术要求

单击【Command Manager】工具栏中的【注解】选项卡，在【注解】选项卡中单击 A【注释】按钮。选择注释所添加的位置，输入技术要求。单击【注解】属性管理器的 √【确定】按钮，完成技术要求的添加，如图 8-62 所示。

至此，板工程图已经绘制完成，如图 8-63 所示。

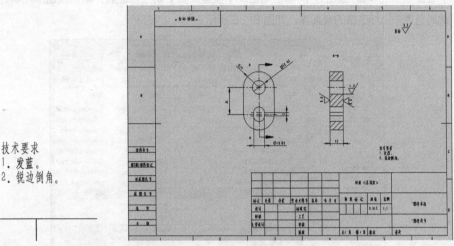

技术要求
1. 发蓝。
2. 锐边倒角。

图 8-62　完成技术要求的添加　　　　　　　　图 8-63　板工程图模型

8.6　课堂练习 2——定滑轮装配图

本例生成一个定滑轮装配体模型（见图 8-64）的装配图，如图 8-65 所示。

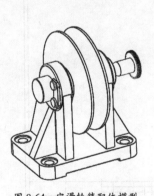

图 8-64　定滑轮装配体模型

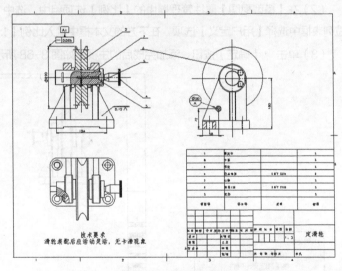

图 8-65　定滑轮装配图

接下来讲述具体操作步骤。

8.6.1　新建工程图文件

启动中文版 SolidWorks，选择【文件】|【新建】命令，弹出【新建 SOLIDWORKS 文件】对话框，单击【工程图】按钮，新建一个工程图文件。

8.6.2　添加主视图

（1）在图纸格式设置完成后，屏幕左侧出现【模型视图】属性管理器，单击按钮添加事先画好的装配体，此时选择未添加夹板的装配体，如图 8-66 所示。

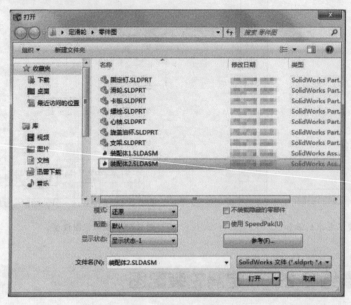

图 8-66　装配体所在文件夹

（2）在【模型视图】属性管理器中的【比例】选项组中，选中【使用自动义比例】单选按钮，在下拉列表框中选择【用户定义】选项，在下方的文本框中输入比例【1:3】，如图 8-67 所示。

（3）单击 ✔【确定】按钮，添加完成后的主视图如图 8-68 所示。

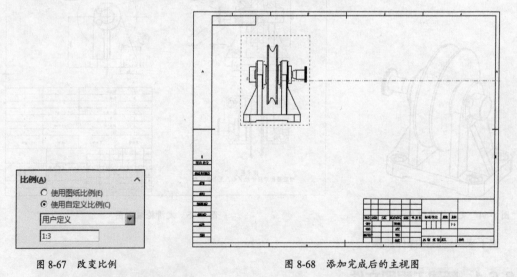

图 8-67　改变比例　　　　　　　　　　　图 8-68　添加完成后的主视图

8.6.3　添加左视图和俯视图

（1）由于左视图和俯视图的装配体是添加了夹板的，因此需要添加一个有夹板的装配体（同一目录下的【装配体 1.SLDASM】文件），如图 8-69 所示。

（2）按照 8.6.2 小节中添加视图的步骤，添加左视图和俯视图，如图 8-70 所示。

图 8-69　有夹板装配体

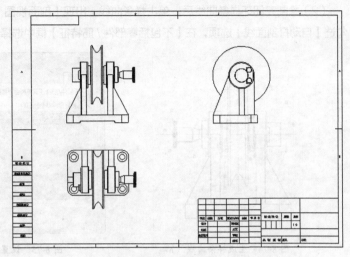

图 8-70　添加左视图和俯视图

8.6.4　添加各视图中心线

（1）在【Command Manager】工具栏中单击【草图】选项卡，单击 /• 【中心线】
按钮，如图 8-71 所示，开始绘制中心线。

（2）在视图所需位置绘制中心线，如图 8-72 所示。

（3）以同样的方式绘制其他中心线，绘制完成后如图 8-73 所示。

图 8-71　单击【中
心线】按钮

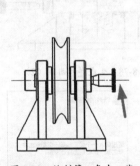

图 8-72　绘制第一条中心线

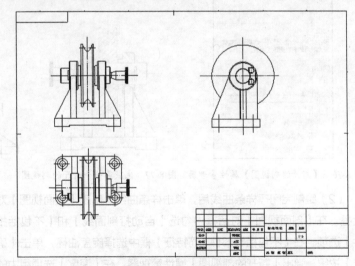

图 8-73　中心线添加完成

8.6.5　添加断开的剖视图

1. 添加主视图第一个断开的剖视图

（1）在【Command Manager】工具栏中，单击【视图布局】选项卡中的 🔳【断开的剖视图】按钮，
出现【断开的剖视图】属性管理器。在主视图中绘制一条闭环样条曲线来生成截面，绘制的闭环样条曲

线如图 8-74 所示。

（2）绘制完闭环样条曲线后，单击样条曲线，出现【剖面视图】对话框，在【剖面视图】对话框中勾选【自动打剖面线】选项，在【不包括零部件 / 筋特征】框中选择心轴和旋盖油杯，如图 8-75 所示。

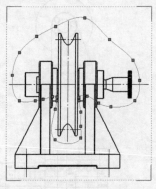

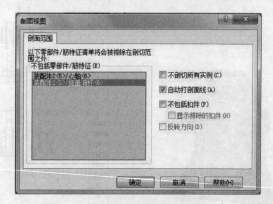

图 8-74　生成样条曲线（1）　　　　　　图 8-75　设置【剖面视图】对话框

（3）单击【确定】按钮，弹出【断开的剖视图】属性管理器。在【深度】选项组中的 ⚙【深度】文本框中输入【130.00mm】，如图 8-76 所示。

（4）单击 ✓【确定】按钮，生成主视图第一个断开的剖视图，如图 8-77 所示。

2. 添加主视图第二个断开的剖视图

（1）在【Command Manager】工具栏中，单击【视图布局】选项卡中的 🔲【断开的剖视图】按钮，弹出【断开的剖视图】属性管理器。在主视图中绘制一条闭环样条曲线，如图 8-78 所示。

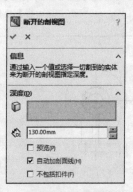

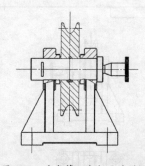

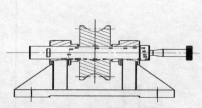

图 8-76　【断开的剖视图】属性管理器　图 8-77　生成第一个断开的剖视图　　图 8-78　生成样条曲线（2）

（2）绘制完闭环样条曲线后，单击样条曲线，出现【剖面视图】对话框。在【剖面视图】对话框中勾选【自动打剖面线】和【不包括扣件】选项，在【不包括零部件 / 筋特征】框中选择旋盖油杯，单击【确定】按钮，弹出【断开的剖视图】属性管理器。在【深度】选项组中的 ⚙【深度】文本框中输入【130.00mm】，编辑后的【断开的剖视图】属性管理器如图 8-79 所示。

（3）单击 ✓【确定】按钮后，生成主视图第二个断开的剖视图，如图 8-80 所示。

（4）由于固定螺钉也是不需要剖的，但是在进行断开剖视图的过程中，【不包括零部件 / 筋特征】中无法选择该固定螺钉，因此需要进一步

图 8-79　编辑后的【断开的剖视图】属性管理器

处理。单击固定螺钉中的剖面线，如图 8-81 所示。

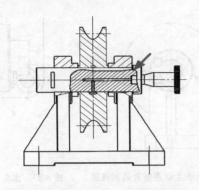

图 8-80　生成主视图第二个断开的剖视图

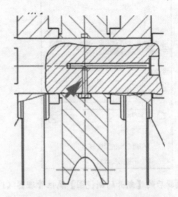

图 8-81　选择固定螺钉剖面线

（5）弹出【断开的剖视图】属性管理器。在【属性】选项组中，取消勾选【材质剖面线】选项，此时该框内的其他选项激活，选中【无】单选按钮，如图 8-82 所示。

（6）单击 ✓【确定】按钮，固定螺钉的剖面线被取消，如图 8-83 所示。

3. 添加左视图断开的剖视图

（1）在【Command Manager】工具栏中，单击【视图布局】选项卡中的 ▨【断开的剖视图】按钮，弹出【断开的剖视图】属性管理器。在主视图中绘制一条闭环样条曲线，如图 8-84 所示。

图 8-82　【断开的剖视图】属性管理器

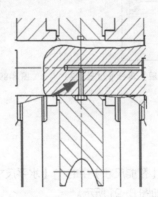

图 8-83　取消剖面线

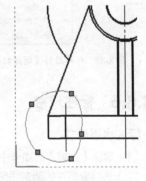

图 8-84　生成样条曲线

（2）绘制完闭环样条曲线后，单击样条曲线，在弹出的【剖面视图】对话框中单击【确定】按钮，弹出【断开的剖视图】属性管理器。在【深度】选项组的 ✿【深度】文本框中输入【25.00mm】，编辑后的【断开的剖视图】属性管理器如图 8-85 所示。

（3）单击 ✓【确定】按钮，生成左视图断开的剖视图，如图 8-86 所示。

4. 添加俯视图断开的剖视图

（1）在【Command Manager】工具栏中，单击【视图布局】选项卡中的 ▨【断开的剖视图】按钮，弹出【断开的剖视图】属性管理器。在俯视图中绘制一条闭环样条曲线，如图 8-87 所示。

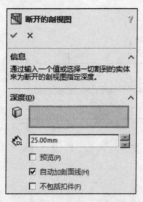

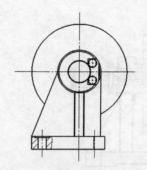

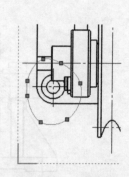

图 8-85 编辑后的【断开的剖视图】属性管理器（1）　图 8-86 生成左视图断开的剖视图　　图 8-87 生成样条曲线

（2）绘制完闭环样条曲线后，单击样条曲线，出现【剖面视图】对话框。在【剖面视图】对话框中勾选【自动打剖面线】和【不包括扣件】选项，再单击【确定】按钮，弹出【断开的剖视图】属性管理器。在【深度】选项组中的【深度】文本框中输入【130.00mm】，编辑后的【断开的剖视图】属性管理器如图 8-88 所示。

（3）单击✔【确定】按钮后，生成俯视图断开的剖视图，如图 8-89 所示。

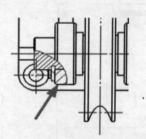

图 8-88 编辑后的【断开的剖视图】属性管理器（2）　　图 8-89 生成俯视图断开的剖视图

8.6.6 标注尺寸

1. 标注水平尺寸

（1）单击【注解】选项卡中✏【智能尺寸】中的📐【水平尺寸】按钮，如图 8-90 所示。

（2）选择要标注的两条线段，如图 8-91 所示。

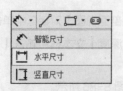

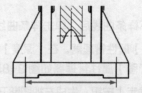

图 8-90 开始标注水平尺寸　　　图 8-91 选择两条线段

（3）选择两条线段之后会自动出现尺寸，在屏幕左侧弹出【尺寸】属性管理器，单击✔【确定】按钮后，水平尺寸标注完成，如图 8-92 所示。

（4）其他水平尺寸的标注步骤与上述步骤类似，标注完成后如图8-93所示。

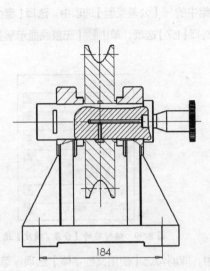

图8-92　生成水平尺寸

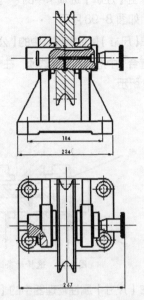

图8-93　所有水平尺寸标注完成

2. 标注竖直尺寸

（1）单击【注解】选项卡中 ✎【智能尺寸】中的 ↧【竖直尺寸】按钮，如图8-94所示，弹出【尺寸】属性管理器。

（2）选择要标注的两条线段，如图8-95所示。

（3）选择两条线段之后会自动出现尺寸，单击 ✓【确定】按钮后，竖直尺寸标注完成，如图8-96所示。

（4）其他竖直尺寸的标注步骤与上述步骤类似，以同样的方法标注图8-97所示的竖直尺寸。

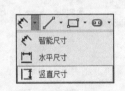

图8-94　开始标注竖直尺寸

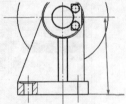

图8-95　选择两条线段

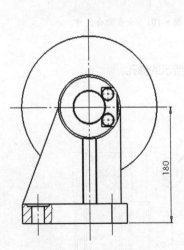

图8-96　生成竖直尺寸

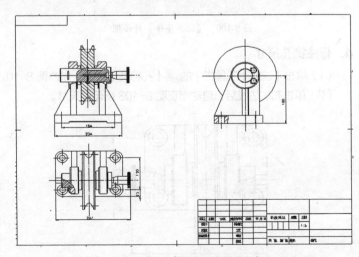

图8-97　所有竖直尺寸标注完成

3. 标注配合尺寸

（1）单击【注解】选项卡中的✎【智能尺寸】按钮，弹出【尺寸】属性管理器。选择要标注公差的两条边线，如图 8-98 所示。

（2）在【尺寸】属性管理器中的【公差/精度】选项组中的 ₁₅₀⁺⁰¹₋₀₁【公差类型】选项中，选择【套合】选项，在 ◙【孔套合】中选择【K8】选项，在 ◙【轴套合】中选择【h7】选项，单击 ▓【无直线显示层叠】按钮，如图 8-99 所示。

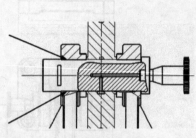

图 8-98　选择两条边线　　　　　图 8-99　编辑后的【公差/精度】选项组

（3）在【尺寸】属性管理器中的【其它】选项卡中，取消勾选【使用文档字体】选项，单击 字体(F)... 按钮，出现【选择字体】对话框，如图 8-100 所示，设置【字体】为【汉仪长仿宋体】，在【高度】选项组中将【单位】改为【3.50mm】，单击【确定】按钮退出对话框。

（4）单击 ✓【确定】按钮后，生成配合尺寸，如图 8-101 所示。

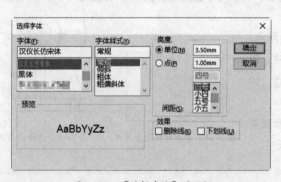

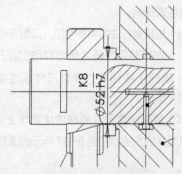

图 8-100　【选择字体】对话框　　　　　图 8-101　生成配合尺寸

4. 标注锪孔尺寸

（1）单击【注解】工具栏中的 ∪ø【孔标注】按钮，单击图 8-102 所示的锪孔。

（2）单击孔的边线后，自动出现图 8-103 所示的尺寸。

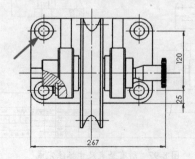

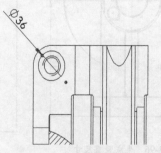

图 8-102　所要标注的锪孔　　　　　图 8-103　锪孔的自动尺寸

（3）在屏幕左端弹出【尺寸】属性管理器，如图 8-104 所示。

（4）在【标注尺寸文字】选项组中，将内容改为【4×<MOD-DIAM>20<HOLE-SPOT> <MOD-DIAM><DIM>】，单击 ✓【确定】按钮后生成锪孔的尺寸，如图 8-105 所示。

图 8-104　【尺寸】属性管理器

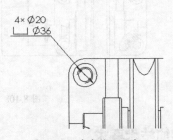

图 8-105　生成锪孔尺寸

8.6.7　添加零件序号

（1）单击【注解】工具栏中的 ⊘【零件序号】按钮，单击生成的主视图中要标注的零件，弹出【零件序号】属性管理器，如图 8-106 所示。

（2）出现零件序号，将序号拖放到合适的位置，如图 8-107 所示。

图 8-106　【零件序号】属性管理器

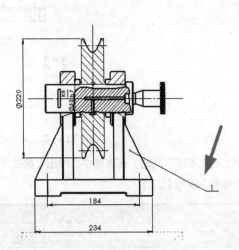

图 8-107　生成第一个零件序号

（3）依次生成其余零件序号，如图 8-108 所示。

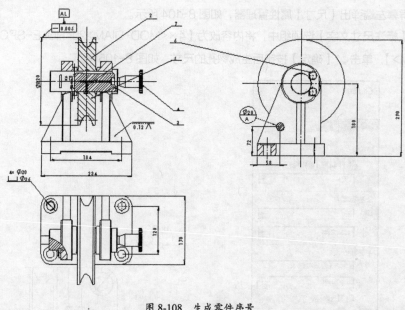

图 8-108　生成零件序号

8.6.8　添加技术要求

（1）在【注解】工具栏中单击 **A**【注释】按钮，弹出【注释】属性管理器。在图 8-109 所示的空白位置单击，出现一个文本框。

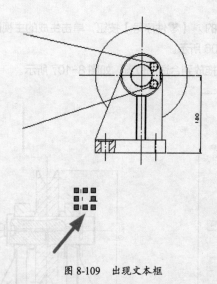

图 8-109　出现文本框

（2）在出现文本框的同时，在屏幕中会弹出【格式化】对话框，如图 8-110 所示，将文字字体改为【仿宋】，字号大小改为【22】。

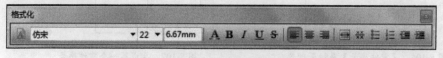

图 8-110　设置字体样式

（3）在文本框中输入【技术要求：滑轮装配后应活动灵活，无卡滞现象】，如图 8-111 所示。

图 8-111　输入技术要求

8.6.9　添加材料明细表

（1）单击【注解】工具栏的 ▦【表格】按钮，弹出下拉列表，如图 8-112 所示，单击 ▤【材料明细表】按钮。

（2）弹出【材料明细表】属性管理器，如图 8-113 所示，然后单击主视图。

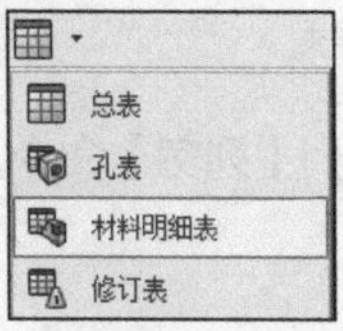

图 8-112　材料明细表

图 8-113　【材料明细表】属性管理器（1）

（3）勾选【附加到定位点】选项，单击 ✓【确定】按钮，生成的表如图 8-114 所示。

项目号	零件号	说明	数量
1	支架		1
2	滑轮		1
3	卡板		1
4	螺栓		2
5	固定钉		1
6	心轴		1
7	旋盖油杯		1

图 8-114　零件表

（4）生成的材料明细表在图纸外，需要稍加改动。将鼠标指针移动到刚生成的表格左上角，便会出现图 8-115 所示的边框。

（5）单击图中边框左上角的 ✛ 图标，弹出【材料明细表】属性管理器，如图 8-116 所示。

图 8-115　选择边框

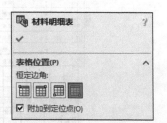

图 8-116　【材料明细表】属性管理器（2）

（6）单击【表格位置】选项组中的【恒定边角】的 ▥【右下点】按钮，单击 ✓【确定】按钮，生成的表格即可和图纸外边框对齐，如图 8-117 所示。

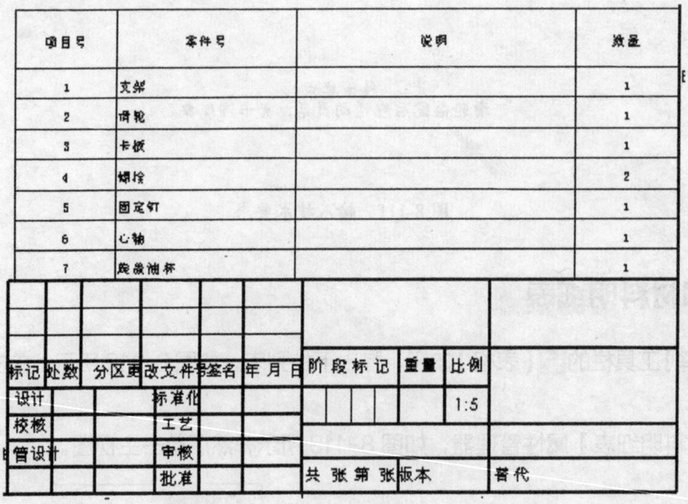

项目号	零件号	说明	数量
1	支架		1
2	齿轮		1
3	卡板		1
4	螺栓		2
5	固定钉		1
6	心轴		1
7	旋盖油杯		1

图 8-117　和外边框对齐的零件表

（7）右击要更改的列，在弹出的快捷菜单中选择【格式化】|【列宽】命令，如图 8-118 所示。在弹出的【列宽】文本栏中输入【45mm】，如图 8-119 所示。

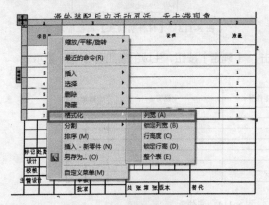

图 8-118　右击要更改的列

图 8-119　输入数值

（8）对后面的 3 个列都执行此操作，最后表格如图 8-120 所示。

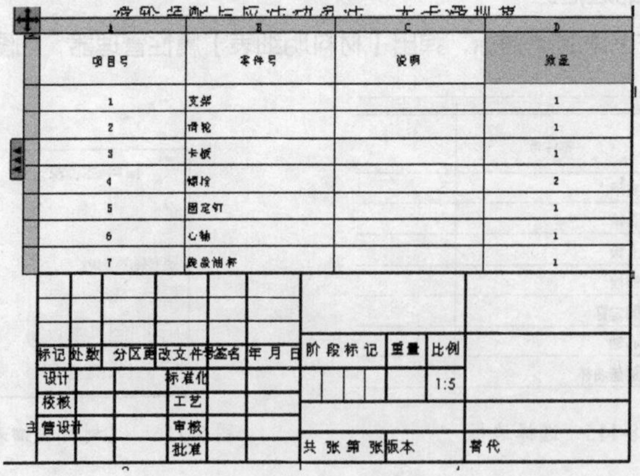

项目号	零件号	说明	数量
1	支架		1
2	齿轮		1
3	卡板		1
4	螺栓		2
5	固定钉		1
6	心轴		1
7	旋盖油杯		1

图 8-120　对齐的表格

（9）将鼠标指针移动到此表格的任意位置单击，弹出【表格工具】工具栏，如图 8-121 所示。

图 8-121 【表格工具】工具栏

（10）单击▦【表格标题在上】按钮，便可出现符合国标的排序，如图 8-122 所示。

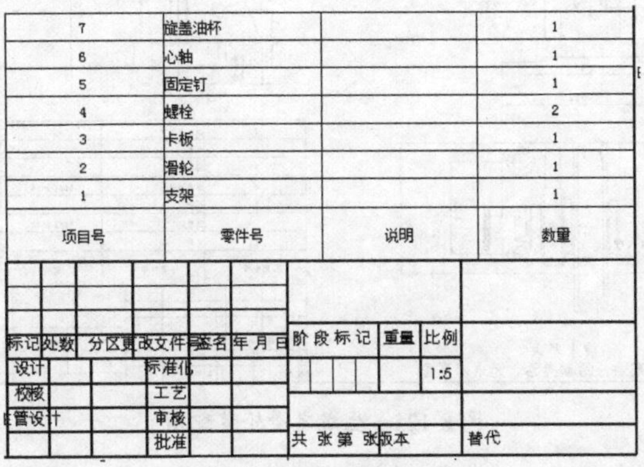

7	旋盖油杯		1
6	心轴		1
5	固定钉		1
4	螺栓		2
3	卡板		1
2	滑轮		1
1	支架		1
项目号	零件号	说明	数量

标记	处数	分区	更改文件	签名	年 月 日	阶段标记	重量	比例	
设计			标准化						
校核			工艺				1:5		
主管设计			审核						
			批准			共 张 第 张 版本		替代	

图 8-122 排序后的表格

（11）在表格的【说明】一栏中填入各个零件的材料，完成后如图 8-123 所示。

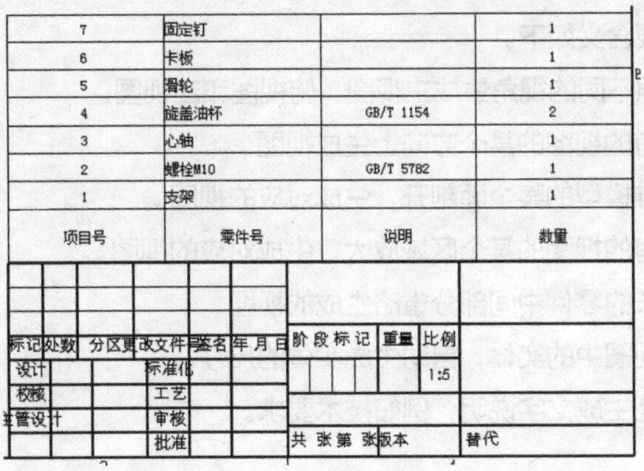

7	固定钉		1
6	卡板		1
5	滑轮		1
4	旋盖油杯	GB/T 1154	2
3	心轴		1
2	螺栓M10	GB/T 5782	1
1	支架		1
项目号	零件号	说明	数量

标记	处数	分区	更改文件	签名	年 月 日	阶段标记	重量	比例	
设计			标准化						
校核			工艺				1:5		
主管设计			审核						
			批准			共 张 第 张 版本		替代	

图 8-123 添加材料

（12）右击图纸空白处，在弹出的快捷菜单中选择【编辑图纸格式】命令，在标题栏中输入【定滑轮】，单击✔【确定】按钮后，生成的标题如图 8-124 所示。

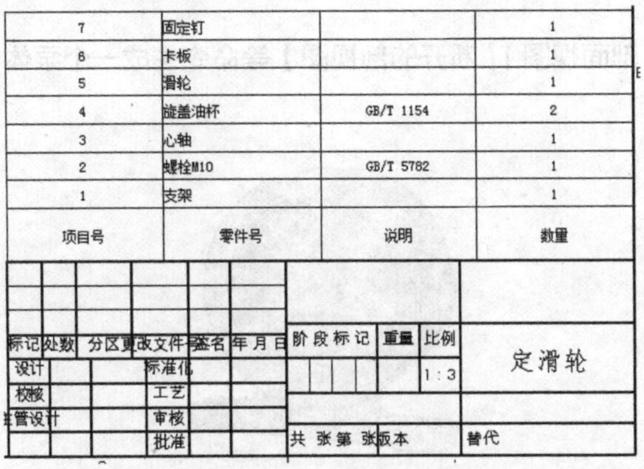

7	固定钉		1
6	卡板		1
5	滑轮		1
4	旋盖油杯	GB/T 1154	2
3	心轴		1
2	螺栓M10	GB/T 5782	1
1	支架		1
项目号	零件号	说明	数量

标记	处数	分区	更改文件	签名	年 月 日	阶段标记	重量	比例	
设计			标准化					定滑轮	
校核			工艺				1:3		
主管设计			审核						
			批准			共 张 第 张 版本		替代	

图 8-124 生成标题

（13）至此，装配图已绘制完毕，如图 8-125 所示。

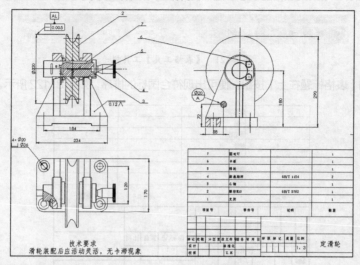

项目号	零件号		说明	数量
7	固定钉			1
6	卡板			1
5	销轴			1
4	内六角螺杆		GB/T 1154	2
3	心轴			1
2	圆锥销10		GB/T 5782	1
1	支架			1

图 8-125 生成定滑轮装配图

本章小结

工程图绘制特征的主要含义如下。

（1）标准三视图：按照不同的视角生成主视图、俯视图和左视图。

（2）投影视图：在已有的视图的某个方向上生成视图。

（3）剖面视图：将三维模型的某个面剖开，生成对应的视图。

（4）局部视图：将已有的视图的某个区域放大，生成对应的视图。

（5）断裂视图：将细长的零件中间部分省略生成的视图。

（6）标注尺寸：选择视图中的实体，自动生成实体的尺寸。

（7）注释：在图纸某处生成文字说明，例如技术要求。

课后习题

作业

利用【标准三视图】【剖面视图】【断开的剖视图】等命令生成一个泵体（见图 8-126）的零件图，如图 8-127 所示。

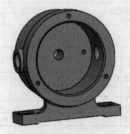

图 8-126 泵体零件模型

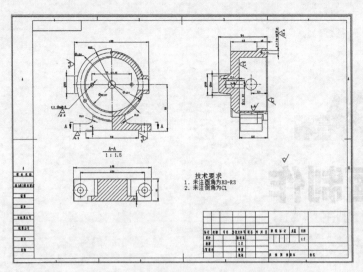

图 8-127　泵体零件图

💡 解题思路

（1）新建【工程图】文件，选择 A3 图纸。

（2）使用【标准三视图】命令生成基础视图。

（3）使用【剖面视图】命令对主视图和俯视图进行剖切。

（4）使用【断开的剖视图】对右视图进行局部剖切。

（5）使用【尺寸标注】命令对尺寸进行标注。

第 **9** 章

动画制作

学习目标

知识点

◇ 理解键码的含义。

◇ 掌握爆炸动画的制作方法。

◇ 掌握旋转动画的制作方法。

◇ 掌握视像属性动画的制作方法。

◇ 掌握距离动画的制作方法。

◇ 了解物理动画的含义。

技能点

◇ 利用键码点生成动画。

◇ 利用动画向导生成动画。

◇ 利用距离配合和视像属性生成动画。

9.1 运动算例简介

运动算例是装配体模型运动的图形模拟，可将诸如光源和相机透视图之类的视觉属性融合到运动算例中。运动算例包括以下功能。

（1）动画（可在核心 SolidWorks 内使用）：可使用动画来演示装配体的运动，例如，添加马达来驱动装配体中一个或多个零件的运动；通过设定键码点以规定装配体零部件在不同时间的位置。

（2）基本运动（可在核心 SolidWorks 内使用）：可使用基本运动在装配体上模仿马达、弹簧、碰撞和引力，基本运动在计算运动时考虑到质量。

（3）运动分析（可在 SolidWorks premium 的 SolidWorks Motion 插件中使用）：可使用运动分析装配体上精确模拟和分析运动单元的效果（包括力、弹簧、阻尼，以及摩擦），运动分析使用计算能力强大的动力求解器，在计算中会考虑到材料属性、质量及惯性。

9.1.1 时间线

时间线是动画的时间界面，它显示在动画【特征管理器设计树】的右侧。当定位时间栏、在图形区域中移动零部件或者更改视像属性时，时间栏会使用键码点和更改栏显示这些更改。

时间线被竖直网格线均分，这些网格线对应于表示时间的数字标记。数字标记从 00:00:00 开始，其间距取决于窗口的大小。例如，沿时间线可能每隔1秒、2秒或者5秒就会有1个标记，如图 9-1 所示。

如果需要显示零部件，可以沿时间线单击任意位置，以更新该点的零部件位置。定位时间栏和图形区域中的零部件后，可以通过控制键码点来编辑动画。右击时间线区域，然后在弹出的快捷菜单中进行选择，如图 9-2 所示。

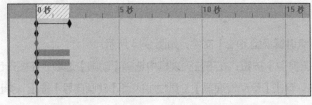

图 9-1　时间线　　　　　　　　　　图 9-2　快捷菜单（1）

（1）【放置键码】：添加新的键码点，并在鼠标指针位置添加一组相关联的键码点。

（2）【动画向导】：可以调出【动画向导】对话框。

沿时间线右击任一键码点，在弹出的快捷菜单中可以选择需要执行的操作，如图 9-3 所示。

（1）【剪切】【删除】：对于 00:00:00 标记处的键码点不可用。

（2）【替换键码】：更新所选键码点以反映模型的当前状态。

（3）【压缩键码】：将所选键码点及相关键码点从其指定的函数中排除。

（4）【插值模式】：在播放过程中控制零部件的加速、减速或者视像属性。

图 9-3　快捷菜单（2）

9.1.2 键码点和键码属性

每个键码画面在时间线上都包括代表开始运动时间或者结束运动时间的键码点。无论何时定位一个新的键码点，它都会对应于运动或者视像属性的更改。

◆ 键码点：对应于所定义的装配体零部件位置、视觉属性或模拟单元状态的实体。

◆ 关键帧：键码点之间可以为任何时间长度的区域，关键帧为零部件运动或视觉属性发生更改时的关键点。

当将鼠标指针移动至任一键码点上时，零件序号将会显示此键码点的键码属性。如果零部件在动画【特征管理器设计树】中没有展开，则所有的键码属性都会包含在零件序号中，如表 9-1 所示。

表 9-1　键码属性

键码属性	描　述
摇臂<1> 5.100 秒	【特征管理器设计树】中的零部件 spider<1>
移动零部件	移动零部件
爆炸步骤运动	爆炸步骤运动
应用到零部件的颜色	应用到零部件的颜色
零部件显示	零部件显示：上色

9.2　装配体爆炸动画

装配体爆炸动画是将装配体爆炸的过程制作成动画形式，方便用户观看零件的装配和拆卸过程。单击【动画向导】按钮，可以生成爆炸动画，即将装配体的爆炸视图步骤按照时间先后顺序转化为动画形式。

生成爆炸动画的操作方法

（1）打开【本书电子资源 \9\ 知识点讲解模型 \9.2】文件，如图 9-4 所示。

（2）单击图形区域下方的 【动画模型】按钮，在下拉列表框中选择【动画】选项，在图形区域下方出现【运动管理器】工具栏和时间线。单击【运动管理器】工具栏中的 【动画向导】按钮，弹出【选择动画类型】对话框，如图 9-5 所示。

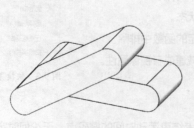

图 9-4　打开装配体　　　　　　图 9-5　【选择动画类型】对话框

（3）选中【爆炸】单选按钮，单击【下一步】按钮，弹出【动画控制选项】对话框，如图 9-6 所示。

（4）在【动画控制选项】对话框中，设置【时间长度秒】为【4】，单击【完成】按钮，完成爆炸动画的设置。单击【运动管理器】工具栏中的 ▶【播放】按钮，观看爆炸动画效果，如图 9-7 所示。

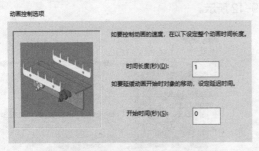

图 9-6　【动画控制选项】对话框

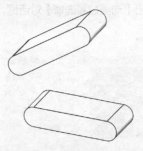

图 9-7　爆炸动画完成效果

9.3　旋转动画

旋转动画是将零件或装配体沿某一个轴线的旋转状态制作成动画形式，方便用户全方位地观看物体的外观。

单击 🗠【动画向导】按钮，可以生成旋转动画，即模型绕着指定的轴线进行旋转的动画。

🖑 生成旋转动画的操作方法

（1）打开【本书电子资源 \9\ 知识点讲解模型 \9.3】文件，如图 9-8 所示。

（2）单击图形区域下方的 🎬【动画模型】按钮，在下拉列表框中选择【动画】选项，在图形区域下方出现【运动管理器】工具栏和时间线，如图 9-9 所示。单击【运动管理器】工具栏中的 🗠【动画向导】按钮，弹出【选择动画类型】对话框，如图 9-10 所示。

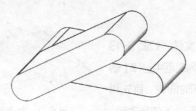

图 9-8　打开装配体

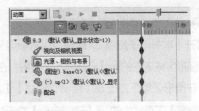

图 9-9　【运动管理器】工具栏和时间线

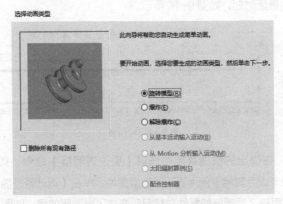

图 9-10　【选择动画类型】对话框

（3）选中【旋转模型】单选按钮，如果要删除现有的动画序列，则勾选【删除所有现有路径】选项，单击【下一步】按钮，弹出【选择一旋转轴】对话框，如图 9-11 所示。

（4）选中【Y-轴】单选按钮，设置【旋转次数】为【1】，选中【顺时针】单选按钮，单击【下一步】按钮，弹出【动画控制选项】对话框，如图 9-12 所示。

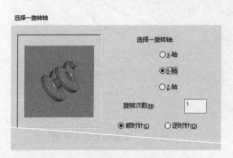

图 9-11　【选择一旋转轴】对话框　　　　　图 9-12　【动画控制选项】对话框

（5）设置动画播放的【时间长度（秒）】为【10】，运动的【开始时间（秒）】为【0】，单击【完成】按钮，完成旋转动画的设置。单击【运动管理器】工具栏中的▶【播放】按钮，观看旋转动画效果。

9.4　视像属性动画

可以动态改变单个或者多个零部件的显示，并且在相同或者不同的装配体零部件中组合不同的显示选项。如果需要更改任意一个零部件的视像属性，沿时间线选择一个与想要影响的零部件相对应的键码点，然后改变零部件的视像属性即可。单击【SolidWorks Motion】工具栏中的▶【播放】按钮，该零部件的视像属性将会随着动画的进程而变化。

生成视像属性动画的操作方法

（1）打开【本书电子资源 \9\ 知识点讲解模型 \9.4】文件，如图 9-13 所示。单击图形区域下方的【动画模型】按钮，在下拉列表框中选择【动画】选项，在图形区域下方出现【运动管理器】工具栏和时间线。首先利用【运动管理器】工具栏中的【动画向导】按钮制作装配体的旋转动画。

图 9-13　打开装配体

（2）单击时间线上的最后时刻，如图 9-14 所示。

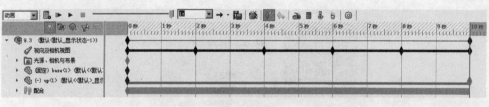

图 9-14　时间线

（3）右击一个零件，在弹出的快捷菜单中选择【更改透明度】命令，如图 9-15 所示。

（4）按照上面的步骤可以为其他零部件更改透明度属性，单击【运动管理器】工具栏中的▶【播放】按钮，观看动画效果。被更改了透明度的零件在装配后变成了半透明效果，如图 9-16 所示。

图 9-15 选择【更改透明度】命令

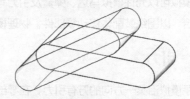

图 9-16 更改透明度后的效果

9.5 距离或者角度配合动画

可以使用配合来实现零部件之间的运动。可为距离或角度配合设定值，并为动画中的不同点更改这些值。在 SolidWorks 中可以添加限制运动的配合，这些配合也影响到零件的运动。

生成距离配合动画的操作方法

（1）打开【本书电子资源 \9\ 知识点讲解模型 \9.5】文件，如图 9-17 所示。

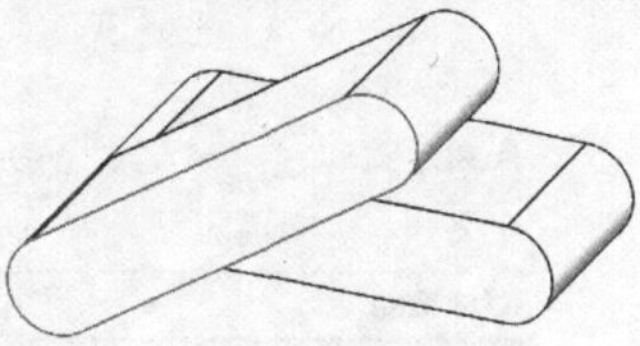

（2）单击图形区域下方的 【动画模型】按钮，在下拉列表框中选择【动画】选项，在图形区域下方出现【运动管理器】工具栏和时间

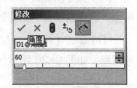

图 9-17 打开装配体

线。单击小滑块零件并将其沿时间线拖动，设置动画的时间长度，单击动画的最后时刻，如图 9-18 所示。

（3）在动画【特征管理器设计树】中，双击 【距离1】图标，在弹出的【修改】属性管理器中，更改数值为 60mm，如图 9-19 所示。

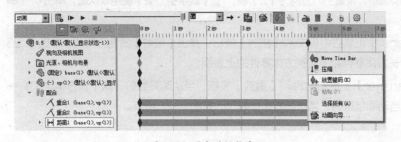

图 9-18 设定时间长度

图 9-19 【修改】属性管理器

（4）单击【运动管理器】工具栏中的 【播放】按钮，当动画开始时，端点和参考直线上端点之间的距离是 10mm，如图 9-20 所示；当动画结束时，滑块和参考直线上端点之间的距离是 60mm，如图 9-21 所示。

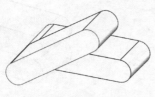

图 9-20 动画开始时

图 9-21 动画结束时

9.6 物理模拟动画

物理模拟可以允许模拟马达、弹簧及引力等在装配体上的效果。物理模拟将模拟成分与 SolidWorks 工具相结合，以围绕装配体移动零部件。物理模拟包括引力、线性或者旋转马达、线性弹簧等。

9.6.1 引力

引力是模拟沿某一方向的万有引力，在零部件自由度之内逼真地移动零部件。

1. 菜单命令启动

单击【Motion Manager】工具栏中的 【引力】按钮，弹出【引力】属性管理器，如图 9-22 所示。

2. 生成引力的操作方法

（1）打开【本书电子资源 \9\ 知识点讲解模型 \9.6.1】文件，其中地板属性设置为固定，如图 9-23 所示。

（2）单击图形区域下方的【运动算例 1】标签，在下拉列表框中选择【基本运动】选项，在图形区域下方出现【Motion Manager】工具栏和时间线。在【Motion Manager】工具栏中单击 【引力】按钮，弹出【引力】属性管理器，如图 9-24 所示。

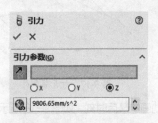
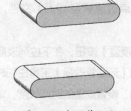
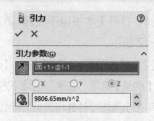

图 9-22　【引力】属性管理器（1）　　　图 9-23　打开装配体　　　图 9-24　【引力】属性管理器（2）

（3）在【引力参数】选项组中，设置引力方向为【Z】轴，【数字引力值】使用默认值，单击 【确定】按钮，完成引力的添加。

（4）在【Motion Manager】工具栏中单击 【接触】按钮，弹出【接触】属性管理器，如图 9-25 所示，选择绘图区中上面的长方体零件和下侧长方体零件的上表面。

（5）单击【Motion Manager】工具栏中的 【播放】按钮，当动画开始时，两个长方体之间有一段距离，如图 9-26 所示；当动画结束时，两个长方体接触了，如图 9-27 所示。

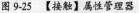
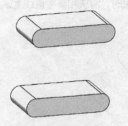

图 9-25　【接触】属性管理器　　　图 9-26　动画开始时　　　图 9-27　动画结束时

9.6.2 线性马达和旋转马达

线性马达和旋转马达为使用物理动力围绕一个装配体移动零部件的模拟成分。

1. 线性马达

单击【Motion Manager】工具栏中的 【马达】按钮，弹出【马达】属性管理器，如图 9-28 所示。

👆 **生成线性马达的操作方法**

（1）打开【本书电子资源 \9\ 知识点讲解模型 \9.6.2】文件，如图 9-29 所示。

（2）单击图形区域下方的【运动算例 1】标签，在下拉列表框中选择【基本运动】选项，在【Motion Manager】工具栏中单击 【马达】按钮，弹出【马达】属性管理器。

（3）在【马达类型】选项组下，单击 【线性马达（驱动器）】按钮。在【零部件 / 方向】选项组下，在 【马达位置】文本框中选择滑块的表面，单击 【反向】按钮，出现图 9-30 所示的箭头。在【运动】选项组下，在【类型】下拉列表框中选择【等速】选项， 【速度】设置为【10mm/s】。单击 ✓【确定】按钮，完成线性马达的添加。

图 9-28 【马达】属性管理器（1）

图 9-29 打开装配体

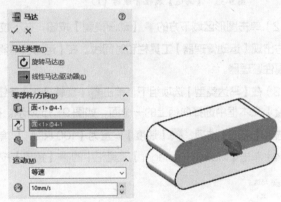

图 9-30 【马达】属性管理器（2）

（4）单击【Motion Manager】工具栏中的 ▶【播放】按钮，当动画开始时，两个滑块距离较近，如图 9-31 所示；当动画结束时，两个滑块距离较远，如图 9-32 所示。

图 9-31 动画开始时

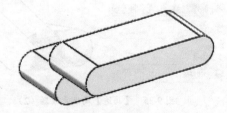

图 9-32 动画结束时

2. 旋转马达

单击【模拟】工具栏中的 【马达】按钮，弹出【马达】属性管理器，如图 9-33 所示。

👆 **生成旋转马达的操作方法**

（1）打开【本书电子资源\9\知识点讲解模型\9.6.2-2】文件，如图9-34所示。

图9-33 【马达】属性管理器（1）

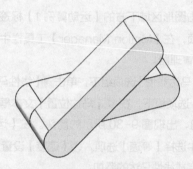

图9-34 打开装配体

（2）单击图形区域下方的 🐾【动画模型】按钮，在下拉列表框中选择【基本运动】选项，在图形区域下方出现【运动管理器】工具栏和时间线。在【运动管理器】工具栏中单击 🔧【马达】按钮，弹出【马达】属性管理器。

（3）在【马达类型】选项组下，单击 🔘【旋转马达】按钮。在【零部件/方向】选项组下，在 🔘【马达位置】文本框中选择曲柄上的一个面，如图9-35所示。在【运动】选项组下，在【类型】下拉列表框中选择【等速】选项，🕐【速度】设置为【100 RPM】。单击 ✔【确定】按钮，完成旋转马达的添加。

（4）单击【Motion Manager】工具栏中的 ▶【播放】按钮，可以看到曲柄在转动，如图9-36所示。

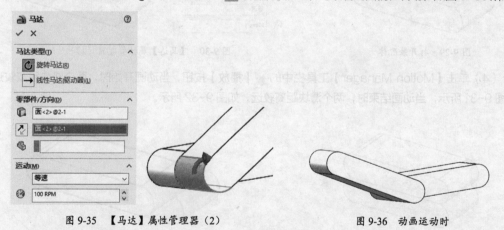

图9-35 【马达】属性管理器（2）

图9-36 动画运动时

9.6.3 线性弹簧

线性弹簧为使用物理动力围绕一个装配体移动零部件的模拟成分。

1. 菜单命令启动

单击【Motion Manager】工具栏中的 ≣【弹簧】按钮，弹出【弹簧】属性管理器，如图 9-37 所示。

2. 生成线性弹簧的操作方法

（1）打开【本书电子资源 \9\ 知识点讲解模型 \9.6.3】文件，如图 9-38 所示。

图 9-37　【弹簧】属性管理器（1）

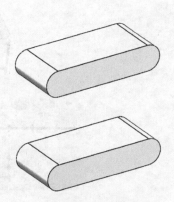

图 9-38　打开装配体

（2）单击图形区域下方的 🎬【动画模型】按钮，在下拉列表框中选择【基本运动】选项，在图形区域下方出现【运动管理器】工具栏和时间线。首先在【运动管理器】工具栏中单击 🜨【引力】按钮，给模型施加一个重力，再单击【运动管理器】工具栏中的 ≣【弹簧】按钮，弹出【弹簧】属性管理器。

（3）在【弹簧类型】选项组中，单击 ➡【线性弹簧】按钮。在【弹簧参数】选项组中，单击 🏠【弹簧端点】选择框，然后在图形区域中先选择平板的下端点，再选择下板的上端点，其他参数使用系统默认值，如图 9-39 所示。单击 ✔【确定】按钮，完成线性弹簧的添加。

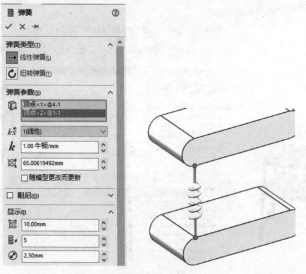

图 9-39　【弹簧】属性管理器（2）

（4）单击【运动管理器】工具栏中的 ▶ 【播放】按钮，可以看到上面零件向下运动。

9.7 课堂练习

本练习将生成一个装配体的动画制作范例，主要介绍随时间推移的过程中，装配体随着摄像机同样在发生角度的视觉变化、装配体外观颜色的变化、装配体中零件与零件距离约束的变化、装配体模型的旋转，以及装配体模型的爆炸和解除爆炸，如图 9-40 所示。

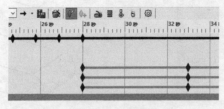

图 9-40 动画制作范例

接下来讲述具体操作步骤。

9.7.1 打开装配体文件并新建运动算例

（1）启动中文版 SolidWorks 2022，单击【文件】工具栏中的 【打开】按钮，弹出【打开】对话框，单击【装饰】装配体，单击【打开】按钮，打开后的装配体如图 9-41 所示。

（2）单击【装配体】工具栏中的 【新建运动算例】按钮，这时会在窗口底部显示出【新建运动算例】窗口，如图 9-42 所示。

图 9-41 打开后的装配体

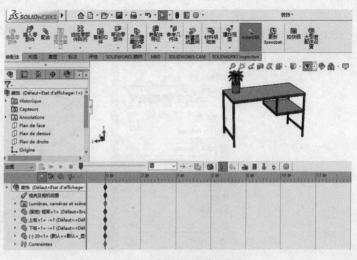

图 9-42 【新建运动算例】窗口

9.7.2　设置相机和布景

（1）在动画【特征管理器设计树】中，右击【Lumières，caméras et…】（光源、相机和布景）文件夹，在快捷菜单中选择【添加相机】命令，如图 9-43 所示。

（2）此时弹出【相机】属性管理器，图形区域分割成两个视口，左侧的视口为相机和装配体的综合视图，右侧的视口为相机所呈现出的视图画面，如图 9-44 所示。

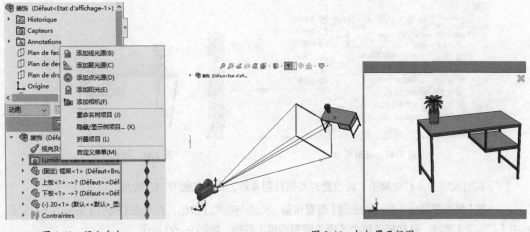

图 9-43　添加相机　　　　　　　　　　　　　　　　　　　　　图 9-44　相机界面视图

（3）在【相机】属性管理器中，在【相机类型】选项组中，选中【对准目标】单选按钮，勾选【锁定除编辑外的相机位置】选项，防止除相机以外的其他位移；在【相机位置】选项组中选中【球形】单选按钮，【离目标的距离】设置为【5500.61mm】；在【视野】选项组中勾选【透视图】选项，设置 θ【视图角度】为【20.72度】，l【视图矩形的距离】设置为【6543.95mm】，h【视图矩形的高度】设置为【2392.78mm】，【高宽比例（宽度：高度）】设置为【11:8.5】，设置好后单击【相机】属性管理器中的 ✔【确定】按钮，如图 9-45 所示。

（4）默认情况下，右击【视向及相机视图】，弹出的快捷菜单中的【禁用观阅键码生成】命令是激活状态。在使用相机视图时，需要取消默认激活的状态。想要取消【禁用观阅键码生成】命令的激活状态，可右击【视向及相机视图】，从快捷菜单中取消【禁用观阅键码生成】命令的激活状态，如图 9-46 所示。

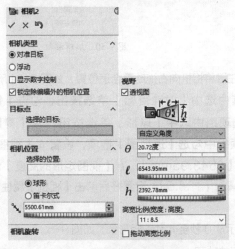

图 9-45　【相机】属性管理器　　　　　　　　　　　图 9-46　取消【禁用观阅键码生成】命令的激活状态

（5）在【特征管理器设计树】中，右击【视向及相机视图】，从快捷菜单中选择【视图定向】|【相机2】命令，如图9-47所示。

（6）确定视图定向为【相机2】视图后，图形显示区域将显示为相机2捕捉到的镜头画面，如图9-48所示。

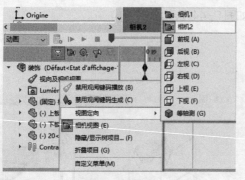

图 9-47 视图定向

图 9-48 相机视图

（7）在时间轴的4秒处单击，将设置时间指针到4秒时刻，如图9-49所示。

（8）在【外观管理器】中，单击 【查看布景、光源与相机】按钮，并单击【相机】左侧的下拉箭头，右击【相机2】选项，从快捷菜单中选择【编辑相机】选项，如图9-50所示。

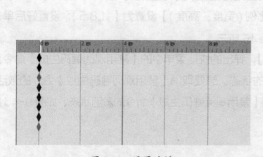

图 9-49 设置时刻

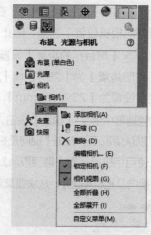

图 9-50 编辑相机2

（9）图形区域继续分成两个视口，可以用鼠标左键将相机向右拖动至合适位置，如图9-51所示。

（10）此时的相机参数如图9-52所示，其中选中【对准目标】单选按钮，勾选【锁定除编辑外的相机位置】选项，在【相机位置】选项组中选中【球形】单选按钮， 【离目标的距离】设置为【6166.6mm】；在【视野】选项组中勾选【透视图】选项，设置 θ【视图角度】为【20.72度】， ℓ【视图矩形的距离】设置为【6543.95mm】，h【视图矩形的高度】设置为【2392.78mm】，【高宽比例（宽度：高度）】设置为【11:8.5】，设置好后单击【相机】属性管理器中的 【确定】按钮。

（11）此时在时间线的【相机2】进度条处将显示从0秒至4秒的矩形条，如图9-53所示。

（12）单击 【计算运动算例】按钮，计算并播放动画。

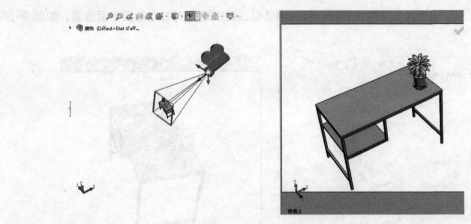

图 9-51 拖动相机至合适位置

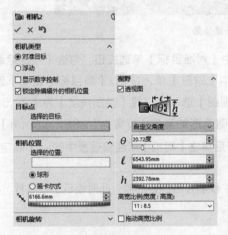

图 9-52 相机参数

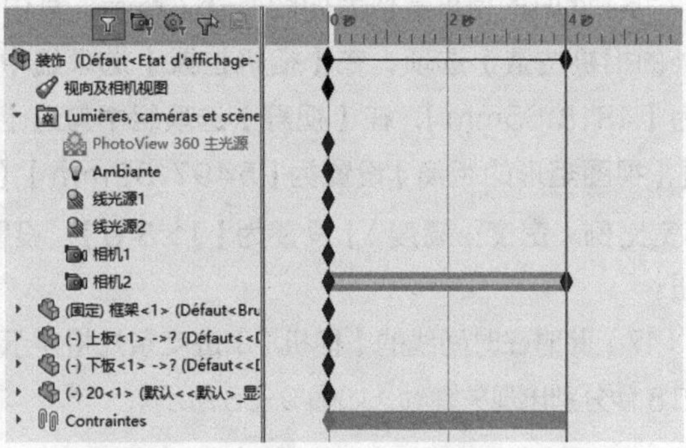

图 9-53 时间矩形条

（13）在时间轴的 8 秒处单击，将设置时间指针到 8 秒时刻，如图 9-54 所示。

（14）在【外观管理器】中，单击██【查看布景、光源与相机】按钮，并单击【相机】左侧的下拉箭头，右击【相机 2】选项，从快捷菜单中选择【编辑相机】选项，如图 9-55 所示。

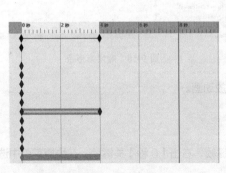

图 9-54 设置时刻

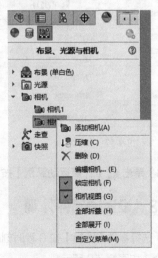

图 9-55 编辑相机 2

（15）图形区域继续分成两个视口，可以用鼠标左键将相机向右拖动至合适位置，如图9-56所示。

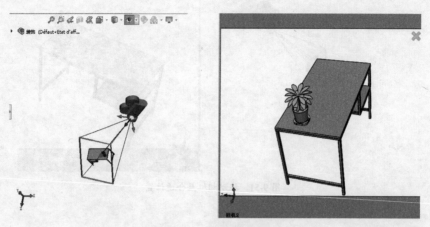

图9-56　拖动相机至合适位置

（16）此时的相机参数为如图9-57所示，其中选中【对准目标】单选按钮，勾选【锁定除编辑外的相机位置】选项，在【相机位置】选项组中选中【球形】单选按钮，【离目标的距离】设置为【4818.65mm】；在【视野】选项组中勾选【透视图】选项，设置【视图角度】为【24.55度】,【视图矩形的距离】设置为【5497.89mm】,【视图矩形的高度】设置为【2392.78mm】，【高宽比例（宽度：高度）】设置为【11:8.5】，设置好后单击【相机】属性管理器中的 ✔【确定】按钮。

（17）此时在时间线的【相机2】进度条处将显示从4秒至8秒的矩形条，此时相机2在0秒、4秒和8秒分别出现关键帧，如图9-58所示。

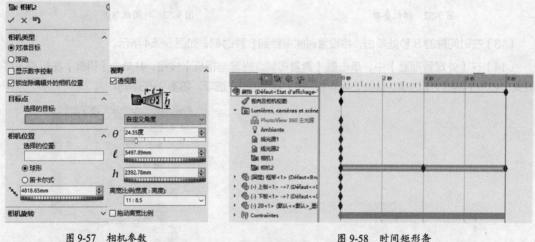

图9-57　相机参数　　　　　　　　　　　图9-58　时间矩形条

（18）单击 📇【计算运动算例】按钮，计算并播放动画。

9.7.3　设置零部件外观

（1）选择零件【上板】在0秒时刻的【外观】关键帧，右击【0秒】关键帧，在快捷菜单中选择【复制】命令，如图9-59所示。

（2）在时间轴的 8 秒处单击，将设置时间指针到 8 秒时刻，并右击 8 秒时刻，在快捷菜单中选择【粘贴】命令，如图 9-60 所示。此时会将【上板】零件 0 秒时刻的外观复制到 8 秒时刻，也就是说【上板】零件从 0 秒到 8 秒期间，外观不会发生变化。

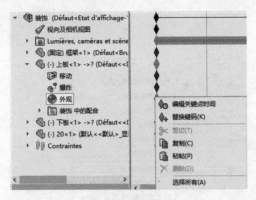

图 9-59　复制外观

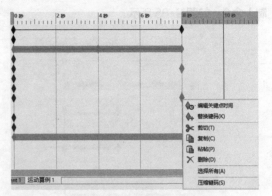

图 9-60　粘贴外观

（3）在时间轴的 10 秒处单击，将设置时间指针到 10 秒时刻，如图 9-61 所示。

（4）右击【上板】零件，从快捷菜单中选择【外观】命令，如图 9-62 所示。

（5）在【颜色】属性管理器中，在【所选几何体】选项组中选中【应用到零部件层】单选按钮，选中【RGB】单选按钮，在【颜色的红色部分】文本框中输入【0】，在【颜色的绿色部分】文本框中输入【31】，在【颜色的蓝色部分】文本框中输入【215】，在【显示状态】选项组中选中【所有显示状态】单选按钮，设置好后单击【颜色】属性管理器中的 ✓【确定】按钮，如图 9-63 所示。

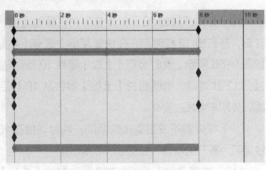

图 9-61　设置时刻

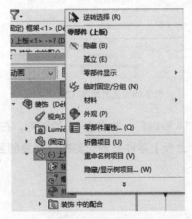

图 9-62　编辑外观

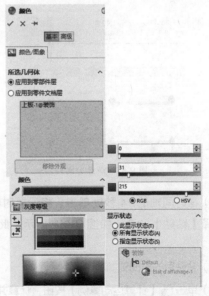

图 9-63　设置颜色

（6）此时在时间线上，会出现【上板】零件的【外观】进度条处从 8 秒至 10 秒的矩形条，如图 9-64 所示。

（7）选择零件【上板】在 10 秒时刻的【外观】关键帧，右击【10 秒】关键帧，在快捷菜单中选择【复制】命令，如图 9-65 所示。

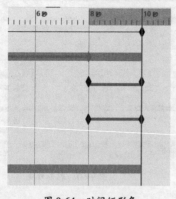

图 9-64　时间矩形条

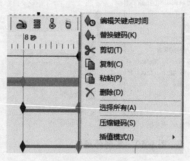

图 9-65　复制外观（1）

（8）在时间轴的 12 秒处单击，将设置时间指针到 12 秒时刻，并右击 12 秒时刻，在快捷菜单中选择【粘贴】命令，如图 9-66 所示。此时会将【上板】零件 10 秒时刻的外观复制到 12 秒时刻，也就是说【上板】零件从 10 秒到 12 秒期间，外观不会发生变化。

（9）在外观不发生变化的期间，其时间轴在 10 秒到 12 秒期间为断开的状态，如图 9-67 所示。

（10）选择零件【上板】在 8 秒时刻的【外观】关键帧，右击【8 秒】关键帧，在快捷菜单中选择【复制】命令，如图 9-68 所示。

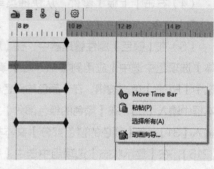

图 9-66　粘贴外观

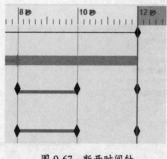

图 9-67　断开时间轴

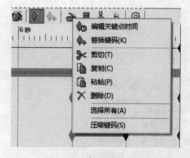

图 9-68　复制外观（2）

（11）在时间轴的 14 秒处单击，将设置时间指针到 14 秒时刻，并右击 14 秒时刻，在快捷菜单中选择【粘贴】命令，如图 9-69 所示。此时会将【上板】零件 8 秒时刻的外观复制到 12 秒时刻。

（12）粘贴后的时间轴如图 9-70 所示。

（13）单击 ⊞【计算运动算例】按钮，计算并播放动画。

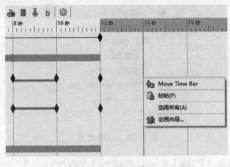

图 9-69　粘贴外观

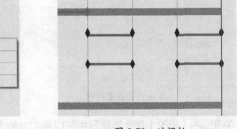

图 9-70　时间轴

9.7.4　设置零部件的距离约束

（1）单击【配合】左侧的下拉箭头，可以查看到现有的【距离】配合，如图 9-71 所示。

（2）选择【距离】配合在 0 秒时刻的关键帧，右击【0 秒】关键帧，在快捷菜单中选择【复制】命令，如图 9-72 所示。

图 9-71　查看配合

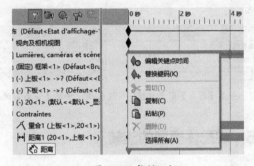

图 9-72　复制配合

（3）在时间轴的 14 秒处单击，将设置时间指针到 14 秒时刻，并右击 14 秒时刻，在快捷菜单中选择【粘贴】命令，如图 9-73 所示。

（4）此时会将 0 秒时刻的【距离】配合复制到 14 秒时刻，也就是说从 0 秒到 14 秒期间，【距离】配合不会发生变化，并在 14 秒处显示【距离】配合的关键帧，如图 9-74 所示。

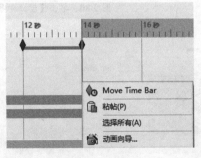

图 9-73　粘贴配合

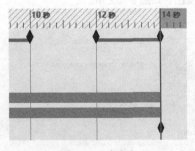

图 9-74　关键帧

（5）在时间轴的 18 秒处单击，将设置时间指针到 18 秒时刻，如图 9-75 所示。

（6）在【距离】配合处右击，在快捷菜单中选择【编辑尺寸】命令，如图 9-76 所示。

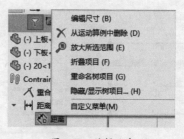

图 9-75　设置时刻　　　　　　　　图 9-76　编辑尺寸

（7）在弹出的【修改】属性管理器中可以看到当前【距离】配合的数值为【100.00mm】，如图 9-77 所示。

（8）将【修改】属性管理器中的【距离】配合数值改为【1000】，如图 9-78 所示。

（9）单击 【计算运动算例】按钮，计算并播放动画。

（10）此时，可以看到重新计算运动算例后，时间轴关键点连线的变化，如图 9-79 所示。

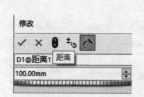
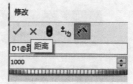
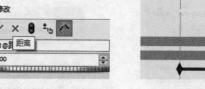

图 9-77　查看【距离】配合数值　　图 9-78　修改【距离】配合数值　　图 9-79　关键点连线的变化

9.7.5　装配体模型的旋转

（1）在【Motion Manager】工具栏中单击 【动画向导】按钮，如图 9-80 所示。

（2）在【选择动画类型】对话框中选中【旋转模型】单选按钮，然后单击【下一步】按钮，如图 9-81 所示。

（3）在【选择一旋转轴】对话框中选中【Y-轴】单选按钮，在【旋转次数】文本框中输入【2】，并选中【顺时针】单选按钮，然后单击【下一步】按钮，如图 9-82 所示。

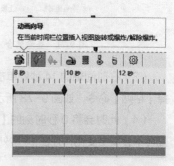

图 9-80　单击【动画向导】按钮

图 9-81　【选择动画类型】对话框　　　图 9-82　【选择一旋转轴】对话框

（4）在【动画控制选项】对话框的【时间长度（秒）】文本框中输入【10】，在【开始时间（秒）】文本框中输入【18】，然后单击【完成】按钮，如图 9-83 所示。

（5）生成的时间线如图 9-84 所示，时间线上一共生成了 10 个关键帧。

图 9-83　【动画控制选项】对话框（1）

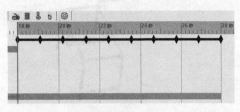

图 9-84　查看时间线

（6）单击 🔲 【计算运动算例】按钮，计算并播放动画。

9.7.6　装配体模型的爆炸和解除爆炸

（1）在【Motion Manager】工具栏中单击 📷 【动画向导】按钮，如图 9-85 所示。

（2）在【选择动画类型】对话框中选中【爆炸】单选按钮，然后单击【下一步】按钮，如图 9-86 所示。

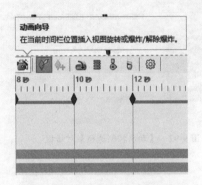

图 9-85　单击【动画向导】按钮

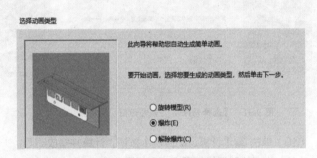

图 9-86　【选择动画类型】对话框

（3）在【动画控制选项】对话框的【时间长度（秒）】文本框中输入【5】，在【开始时间（秒）】文本框中输入【28】，然后单击【完成】按钮，如图 9-87 所示。

（4）单击 🔲 【计算运动算例】按钮，计算并播放动画。

（5）生成的时间线如图 9-88 所示。

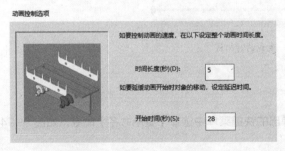

图 9-87　【动画控制选项】对话框（2）

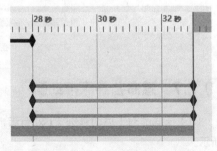

图 9-88　生成的时间线

（6）生成的爆炸视图如图 9-89 所示。

（7）在【Motion Manager】工具栏中单击 📷 【动画向导】按钮，如图 9-90 所示。

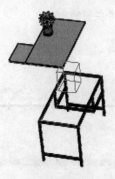

图 9-89　生成的爆炸视图

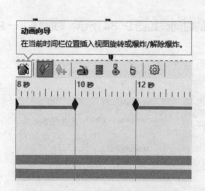

图 9-90　单击【动画向导】按钮

（8）在【选择动画类型】对话框中选中【解除爆炸】单选按钮，然后单击【下一步】按钮，如图 9-91 所示。

（9）在【动画控制选项】对话框的【时间长度（秒）】文本框中输入【8】，在【开始时间（秒）】文本框中输入【33】，然后单击【完成】按钮，如图 9-92 所示。

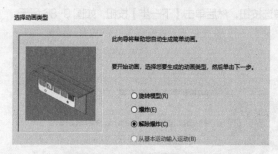

图 9-91　【选择动画类型】对话框

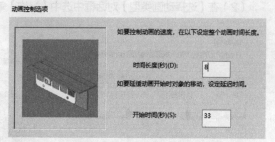

图 9-92　【动画控制选项】对话框

（10）单击 ![按钮]【计算运动算例】按钮，计算并播放动画。

（11）生成的时间线如图 9-93 所示。

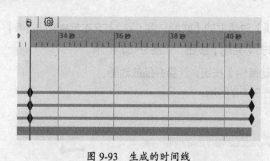

图 9-93　生成的时间线

9.7.7　重命名并保存动画

（1）在底部的【运动算例 1】处右击，在弹出的快捷菜单中选择【重新命名】命令，如图 9-94 所示。

（2）可以将当前默认的【运动算例 1】重新命名为【动画模型】，并按 Enter 键确定，如图 9-95 所示。

（3）在【Motion Manager】工具栏中单击 ![按钮]【保存动画】按钮，如图 9-96 所示。

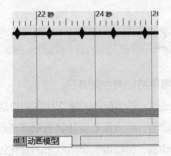

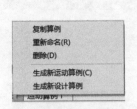

图 9-94　选择【重新命名】选项　　　　　　图 9-95　重命名

（4）在【保存动画到文件】对话框的【保存在】选项中选择要将该动画保存到的文件夹，本次将其保存在【动画】文件夹中，在【文件名】文本框中输入【动画模型 .mp4】，在【保存类型】文本框中选择【MP4 视频文件（*.mp4）】选项，在【图像大小与高宽比例】文本框中输入【1366】和【338】，勾选【固定高宽比例】选项，在【每秒的画面】文本框中输入【7.5】，在【要输出的帧】选项中选择【整个动画】选项，设置好后单击【保存动画到文件】对话框的【保存】按钮，如图 9-97 所示。

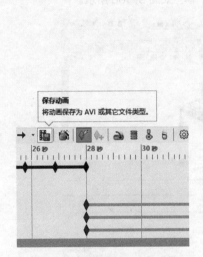

图 9-96　单击【保存动画】按钮

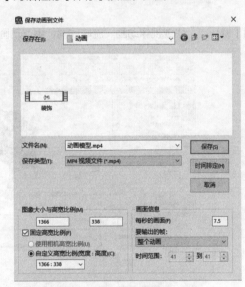

图 9-97　【保存动画到文件】对话框

（5）当弹出 SOLIDWORKS 警告项"运动算例结果已过期。保存前是否要重新计算？"时，单击【是】按钮即可，如图 9-98 所示。

（6）单击【保存】按钮，即可将当前模型保存，当弹出【您想在保存前重建文档吗？】提示时，选择【重建并保存文档（推荐）】选项即可，如图 9-99 所示。

图 9-98　重新计算运动算例

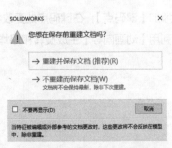

图 9-99　重建并保存文档

本章小结

动画制作常用特征的含义如下。

（1）爆炸动画：将装配体的爆炸状态制作成动画。

（2）旋转动画：将模型的旋转状态制作成动画。

（3）视像动画：将模型的显示状态的变化过程制作成动画。

（4）距离动画：通过改变模型之间的距离形成的动画。

（5）物理模拟动画：利用物理关系，如电机、接触、弹簧、重力等生成的动画。

课后习题

作业

利用【键码点】生成视像动画、旋转动画、爆炸动画。模型如图 9-100 所示。

图 9-100　模型视图

解题思路

（1）插入新建运动算例，添加相机，在不同时刻添加【键码点】，在键码点处更改相机的参数，观察动画效果。

（2）添加【键码点】，在键码点处更改零件的颜色，生成视像属性动画。

（3）利用【动画向导】生成旋转和爆炸动画。

第 10 章

图片渲染

学习目标

知识点

◇ 掌握布景的含义及操作。

◇ 掌握光源的含义及操作。

◇ 掌握外观的含义及操作。

◇ 掌握贴图的含义及操作。

技能点

◇ 将三维模型渲染成逼真的彩色图片。

◇ 利用特征编辑命令更改已经设置好的图片参数。

10.1 布景

布景由环绕 SolidWorks 模型的虚拟框或者球形组成，可以调整布景壁的大小和位置。此外，可以为每个布景壁切换显示状态和反射度，并将背景添加到布景。

选择【PhotoView360】|【编辑布景】命令，弹出【编辑布景】属性管理器，如图 10-1 所示。

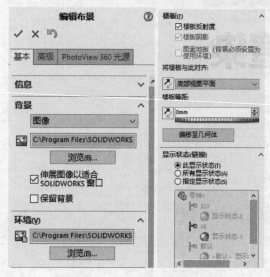

图 10-1 【编辑布景】属性管理器

🖑 设置布景的操作方法

（1）打开【本书电子资源 \10\ 知识点讲解模型 \10.1】文件，如图 10-2 所示。

（2）在零件视图空白处右击，选择快捷菜单中的 🐡【编辑布景】命令，或者单击右侧任务窗格中的 ⬤【外观、布景和贴图】按钮，弹出【外观、布景和贴图】任务窗格，如图 10-3 所示。

图 10-2 实例素材

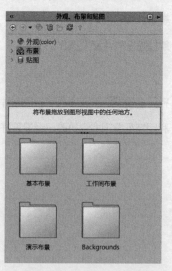

图 10-3 【外观、布景和贴图】任务窗格

（3）双击【基本布景】文件夹样式图标，进入【基本布景】详情页，如图 10-4 所示，有多种基本

环境布景样式可选择。

（4）选择【屋顶】样式并按住鼠标左键将其拖放到零件视图中的任意位置，完成布景设置，如图 10-5 所示。

图 10-4 【基本布景】详情页

图 10-5 完成布景设置

10.2 光源

SolidWorks 提供 3 种光源类型，即线光源、点光源和聚光源。

10.2.1 线光源

在【特征管理器设计树】中，打开 ●【外观管理器】选项卡，单击 ■【查看布景、光源和相机】按钮，右击【SOLIDWORKS 光源】图标，选择【添加线光源】命令，如图 10-6 所示。弹出【线光源】属性管理器（根据生成的线光源、数字顺序排序），如图 10-7 所示。

图 10-6 选择【添加线光源】菜单命令

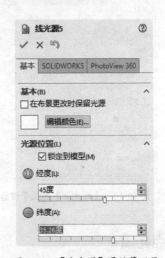

图 10-7 【线光源】属性管理器

👆 生成线光源特征的操作方法

（1）打开【本书电子资源 \10\ 知识点讲解模型 \10.2.1】文件，如图 10-8 所示。

（2）选择【视图】|【光源与相机】|【添加线光源】命令，弹出【线光源】属性管理器。在【基本】选项组中，可以修改光源的【颜色】【明暗度】【光泽度】等参数。可以直接单击视图中的 🔵【线光源】图标，并按住鼠标左键来调整光源的位置，如图 10-9 所示；或在【光源位置】选项组中，改变【经度】【纬度】的数值，如图 10-10 所示，均可调整视图中线光源位置。

图 10-8　实例素材

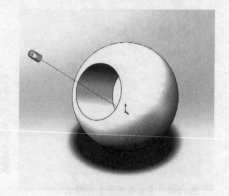

图 10-9　调整线光源位置

（3）完成线光源位置调整后，单击 ✓【确定】按钮，即可完成线光源的添加，如图 10-11 所示。

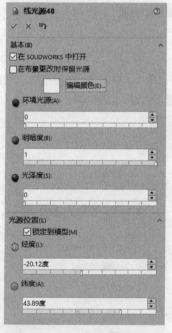

图 10-10　【线光源】属性管理器

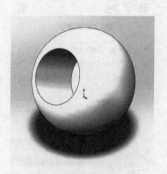

图 10-11　完成线光源的添加

10.2.2　点光源

在【特征管理器设计树】中，打开 🔵【外观管理器】选项卡，单击 🔳【查看布景、光源和相机】按钮，右击【SOLIDWORKS 光源】图标，选择【添加点光源】命令，弹出【点光源】属性管理器，如图 10-12 所示。

生成点光源特征的操作方法

（1）打开【本书电子资源 \10\ 知识点讲解模型 \10.2.2】文件，如图 10-13 所示。

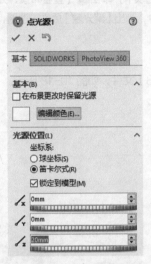

图 10-12 【点光源】属性管理器（1）

图 10-13 实例素材

（2）选择【视图】|【光源与相机】|【添加点光源】命令，弹出【点光源】属性管理器。在【基本】选项组中，可以修改光源的【颜色】【明暗度】和【光泽度】等参数。可以直接单击视图中的 ● 【点光源】图标，并按住鼠标左键来调整光源的位置，如图 10-14 所示；或在【光源位置】选项组中，改变 ⚲【X 坐标】、⚲【Y 坐标】、⚲【Z 坐标】的数值，如图 10-15 所示，均可调整视图中点光源位置。

（3）完成点光源位置调整后，单击 ✓【确定】按钮，即可完成点光源的添加，如图 10-16 所示。

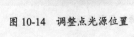

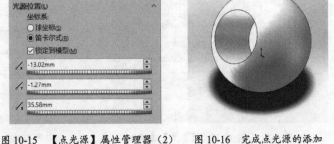

图 10-14 调整点光源位置　　图 10-15 【点光源】属性管理器（2）　　图 10-16 完成点光源的添加

10.2.3 聚光源

在【特征管理器设计树】中，打开 【外观管理器】选项卡，单击 【查看布景、光源和相机】按钮，右击【SOLIDWORKS 光源】图标，选择【添加聚光源】命令，弹出【聚光源】属性管理器，如图 10-17 所示。

生成聚光源特征的操作方法

（1）打开【本书电子资源 \10\ 知识点讲解模型 \10.2.3】文件，如图 10-18 所示。

图 10-17　【聚光源】属性管理器　　图 10-18　实例素材

（2）选择【视图】|【光源与相机】|【添加聚光源】命令，弹出【聚光源】属性管理器。在【基本】选项组中，可以修改光源的【颜色】【明暗度】和【光泽度】等参数，如图 10-19 所示。

（3）在【光源位置】选项组中，改变 【X 坐标】、 【Y 坐标】、 【Z 坐标】的数值可以调整【聚光源】的坐标，或直接在视图中单击 【聚光源】图标并按住鼠标左键来调整光源的位置；改变 【目标 X 坐标】、 【目标 Y 坐标】、 【目标 Z 坐标】可以调节 【聚光源透射点】的坐标； 【圆锥角】可以调节聚光源投射角度，【圆锥角】越小，聚光源投射出的光线越窄，如图 10-20 所示。

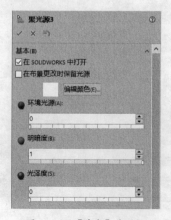

图 10-19　【基本】选项组　　　　图 10-20　【光源位置】选项组

（4）此时视图中会显示聚光源打光示意图，如图 10-21 所示。单击 ✓【确定】按钮，即可完成聚光源的添加。

图 10-21　聚光源打光示意图

（5）如需对光源进行属性修改或删除，选择【视图】|【光源与相机】|【属性】命令，可对已添加的各种光源进行属性修改；选择【删除】命令，可对已添加的各种光源进行删除操作。

10.3　外观

外观是模型表面的材料属性，添加外观是使模型表面具有某种材料的表面属性。

单击【PhotoView】工具栏中的 ◉【外观】按钮，或者选择【PhotoView】|【外观】命令，弹出【颜色】属性管理器，如图 10-22 所示。

🖑 生成外观特征的操作方法

（1）打开【本书电子资源\10\知识点讲解模型\10.3】文件，如图 10-23 所示。

图 10-22　【颜色】属性管理器

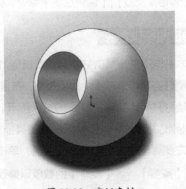

图 10-23　实例素材

（2）单击视图顶部横向图标栏中的 ◆【编辑外观】按钮，或单击右侧任务窗格中的 ●【外观、布景和贴图】按钮，弹出【外观、布景和贴图】任务窗格，并双击【外观（color）】选项打开折叠菜单，有多种颜色或外观可选，如图 10-24 所示。

（3）双击【金属】选项打开折叠菜单，可选择不同材料所呈现的零件外观，单击选择【铁】选项，任务窗格下方出现多种外观，如图 10-25 所示。

（4）选择【无光铁】样式并按住鼠标左键将其拖放到零件上，完成零件外观设置，如图 10-26 所示。

图 10-24 【外观、布景和贴图】任务窗格　　　图 10-25 【铁】外观详情页　　　图 10-26 完成外观设置

10.4 贴图

贴图是在模型的表面附加某种平面图形，多用于商标和标志的制作。

选择【PhotoView 360】|【编辑贴图】命令，弹出【贴图】属性管理器，如图 10-27 所示。

✋ 生成贴图特征的操作方法

（1）打开【本书电子资源 \10\ 知识点讲解模型 \10.4】文件，如图 10-28 所示。

（2）选择右侧任务窗格选项卡中的【外观、布景和贴图】，弹出【外观、布景和贴图】任务窗格，并双击【贴图】选项打开折叠菜单，如图 10-29 所示。

（3）选择【回收】样式并按住鼠标左键将其拖放到需要添加贴图的零件平面上，贴图会附着在零件平面上，并在左侧弹出【贴图】属性管理器，单击【映射】选项卡，在【大小 / 方向】选项组中修改 ◘【宽度】、▣【高度】、◹【旋转】的数值以修改贴图的大小与方向，如图 10-30 所示。

（4）单击 ✓【确定】按钮，完成零件【贴图】的添加与属性设置，如图 10-31 所示。

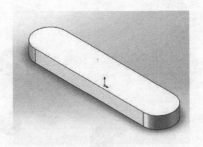

图 10-27 【贴图】属性管理器（1）　　　　　　　　图 10-28 实例素材

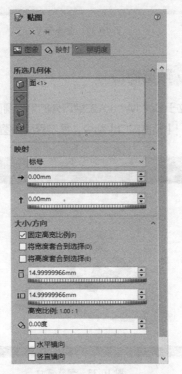

图 10-29 【贴图】任务窗格　　　　图 10-30 【贴图】属性管理器（2）　　　图 10-31 完成贴图添加

10.5 输出图像

PhotoView 能以逼真的外观、布景、光源等渲染 SolidWorks 模型，并提供直观显示渲染图像的多种方法。

10.5.1　PhotoView 整合预览

可在 SolidWorks 图形区域内预览当前模型的渲染。插入 PhotoView 插件后，选择【PhotoView 360】|【整合预览】命令即可预览模型的渲染，显示界面如图 10-32 所示。

图 10-32　整合预览

10.5.2　PhotoView 预览窗口

PhotoView 预览窗口是独立于 SolidWorks 主窗口外的单独窗口。要显示该窗口，启动 PhotoView 插件，选择【PhotoView 360】|【预览窗口】命令，显示界面如图 10-33 所示。

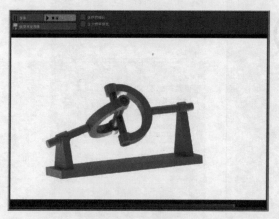

图 10-33　预览窗口

10.6　课堂练习

本练习是一个装配体的渲染制作范例，主要介绍启动装配体文件，设置模型外观、贴图、布景、光源以及输出图像的具体内容，渲染后的模型如图 10-34 所示。

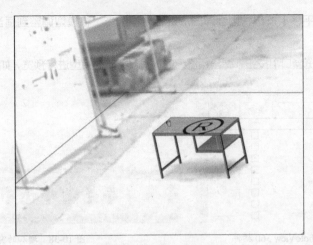

图 10-34　渲染后的模型

接下来讲述具体操作步骤。

10.6.1　打开装配体文件并进行相关设置

（1）启动中文版 SolidWorks 2022，单击【文件】工具栏中的 【打开】按钮，弹出【打开】对话框，单击【装饰】装配体，单击【打开】按钮，【打开】对话框如图 10-35 所示。打开后的模型如图 10-36 所示。

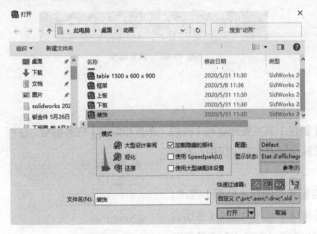

图 10-35　【打开】对话框

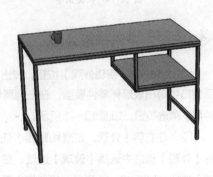

图 10-36　打开模型

（2）由于在 SolidWorks 中，PhotoView 360 是一个插件，因此在模型打开时需插入 PhotoView 360 才能进行渲染。选择【工具】|【插件】命令，单击【PhotoView 360】前面的选择框，则会在本次的 SolidWorks 中激活【PhotoView 360】插件，单击【PhotoView 360】后面的选择框，则会在每次启动 SolidWorks 软件时，默认启动【PhotoView 360】插件，最后单击【插件】对话框中的 【确定】按钮，如图 10-37 所示。

（3）在启动 PhotoView 360 插件后，将会在 SolidWorks 最上侧显示【PhotoView 360】菜单，并在【PhotoView 360】菜单下显示【渲染工具】选项卡，如图 10-38 所示。

（4）在视图窗口中右击，弹出快捷菜单，单击 【放大或缩小】按钮，则会对图形进行放大或缩小操作，单击❖【平移】按钮，则会对图形进行平移操作，将模型调整到适当位置，如图 10-39 所示。

（5）单击 🖼【预览窗口】按钮，弹出预览窗口，对渲染前的模型进行预览，如图 10-40 所示。

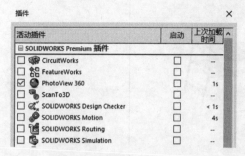

图 10-37　启动 PhotoView 360 插件

图 10-38　增加的窗口

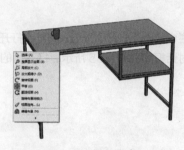

图 10-39　快捷菜单

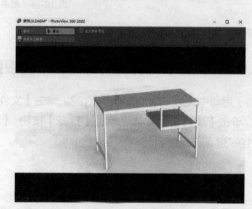

图 10-40　预览模型

10.6.2　设置模型外观

（1）单击 🎨【编辑外观】按钮，弹出【颜色】属性管理器和【外观、布景和贴图】任务窗格，在视图窗口中单击玻璃杯零件模型，在左侧属性管理器中选中【应用到零部件层】单选按钮，如图 10-41 所示。

（2）在右侧【外观、布景和贴图】任务窗格中选择【外观】选项，在【外观】选项中选择【玻璃】选项，在【玻璃】选项中选择【透明玻璃】选项，如图 10-42 所示，设置好之后单击左侧【颜色】属性管理器中的 ✔【确定】按钮。

（3）单击 🎨【编辑外观】按钮，弹出【颜色】属性管理器和【外观、布景和贴图】任务窗格，在视图窗口中单击选择两块桌面零件模型，在左侧【颜色】属性管理器中选中【应用到零部件层】单选按钮，在右侧【外观、布景和贴图】任务窗格中选择【外观】选项，在【外观】选项中选择【有机】选项，在【有机】选项中选择【木材】选项，在【红木】选项中选择【抛光红木 2】选项，设置好之后单击左侧【颜色】属性管理器中的 ✔【确定】按钮，如图 10-43 所示。

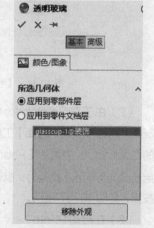

图 10-41　【颜色】属性管理器

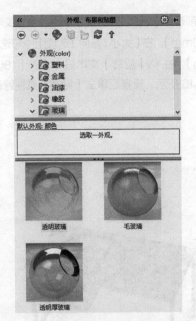

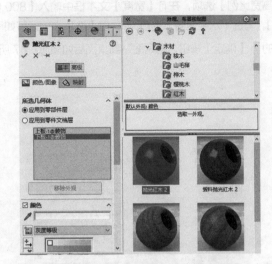

图 10-42　【外观、布景和贴图】任务窗格（1）　　图 10-43　【颜色】属性管理器和【外观、布景和贴图】任务窗格

10.6.3　设置模型贴图

（1）单击 【编辑贴图】按钮，弹出【贴图】属性管理器和【外观、布景和贴图】任务窗格，在右侧【外观、布景和贴图】任务窗格中选择【贴图】选项，在【贴图】选项中选择【注册商标】选项，如图 10-44 所示。

（2）在左侧【贴图】属性管理器中的【掩码图形】选项组中选中【图形掩码文件】单选按钮，在【显示状态】选项组中选中【所有显示状态】单选按钮，如图 10-45 所示。

图 10-44　【外观、布景和贴图】任务窗格（2）

图 10-45　【贴图】属性管理器

（3）单击【映射】选项卡，在【所选几何体】选项组中单击【上板】零件的上表面，在【映射类型】

选项中选择【投影】选项，在 ☐【投影方向】选项中选择【当前视图】选项，在 ➡【水平位置】文本框中输入【200.00mm】，在 ↑【竖直位置】文本框中输入【80.00mm】，在【大小/方向】选项组中勾选【固定高宽比例】选项，在 ☐【宽度】文本框中输入【800.00mm】，在 ◇【旋转】文本框中输入【180.00度】，勾选【水平镜向】选项，【映射】选项卡的设置如图 10-46 所示。设置后单击【贴图】属性管理器中的 ✓【确定】按钮，将贴图贴到桌面后如图 10-47 所示。

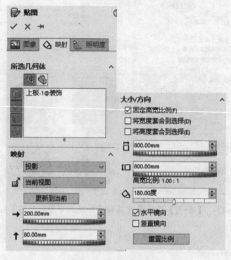

图 10-46 【映射】选项卡

图 10-47 贴图后的图形

10.6.4 设置模型布景

（1）单击 🖼【编辑布景】按钮，弹出【编辑布景】属性管理器和【外观、布景和贴图】任务窗格，在右侧【外观、布景和贴图】任务窗格中选择【布景】选项，在【布景】选项中选择【演示布景】选项，在【演示布景】选项中选择【工厂背景】选项，如图 10-48 所示。

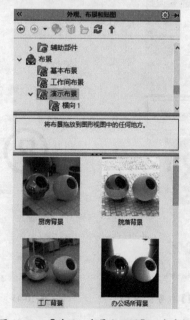

图 10-48 【外观、布景和贴图】任务窗格

（2）在左侧【编辑布景】属性管理器中的【将楼板与此对齐】选项中选择【底部视图平面】选项，如图 10-49 所示。设置后单击【编辑布景】属性管理器中的 ✓【确定】按钮，布景后的图形如图 10-50 所示。

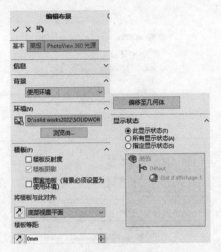

图 10-49　【编辑布景】属性管理器　　　　　图 10-50　布景后的图形

10.6.5　设置模型光源

（1）选择【视图】|【光源与相机】|【添加线光源】命令，为视图添加线光源。弹出【线光源】属性管理器，单击【基本】选项卡，在【光源位置】选项组中勾选【锁定到模型】选项，在 ⊕【经度】文本框中输入【40 度】，在 ⊜【纬度】文本框中输入【30 度】，如图 10-51 所示。

（2）单击【SOLIDWORKS】选项卡，在【SOLIDWORKS 光源】选项组中勾选【在 SOLIDWORKS 中打开】选项，在 ●【环境光源】文本框中输入【0.4】，在 ●【明暗度】文本框中输入【0.2】，在 ●【光泽度】文本框中输入【0.3】，如图 10-52 所示。

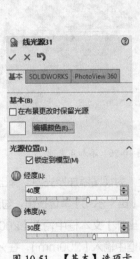

图 10-51　【基本】选项卡　　　　　图 10-52　【SOLIDWORKS】选项卡

（3）设置完后单击【线光源】属性管理器中的 ✓【确定】按钮，效果如图 10-53 所示。

（4）选择【视图】|【光源与相机】|【添加点光源】命令，为视图添加点光源。弹出【点光源】属性管理器，单击【基本】选项卡，在【光源位置】选项组中选中【笛卡尔式】单选按钮，勾选【锁定到模型】选项，在🖊【X坐标】文本框中输入【500mm】，在🖊【Y坐标】文本框中输入【-100mm】，在🖊【Z坐标】文本框中输入【200mm】，如图10-54所示。

图 10-53　添加线光源

图 10-54　【基本】选项卡

（5）单击【SOLIDWORKS】选项卡，在【SOLIDWORKS光源】选项组中勾选【在SOLIDWORKS中打开】选项，在⚫【环境光源】文本框中输入【0.3】，在⚫【明暗度】文件框中输入【0.9】，在⚫【光泽度】文本框中输入【0.1】，如图10-55所示。

（6）设置完后单击【点光源】属性管理器中的✔【确定】按钮，效果如图10-56所示。

图 10-55　【SOLIDWORKS】选项卡

图 10-56　添加点光源

（7）选择【视图】|【光源与相机】|【添加聚光源】命令，为视图添加聚光源。弹出【聚光源】属性管理器，单击【基本】选项卡，在【光源位置】选项组中选中【笛卡尔式】单选按钮，勾选【锁定到模型】选项，在🖊【X坐标】文本框中输入【100mm】，在🖊【Y坐标】文本框中输入【200mm】，在🖊【Z坐标】文本框中输入【1000mm】，在🖊【目标X坐标】文本框中输入【200mm】，在🖊【目标Y坐标】文本框中输入【-100mm】，在🖊【目标Z坐标】文本框中输入【50mm】，在🔖【圆锥角】文本框中输入【45度】，如图10-57所示。

（8）单击【SOLIDWORKS】选项卡，在【SOLIDWORKS 光源】选项组中勾选【在 SOLIDWORKS 中打开】选项，在●【环境光源】文本框中输入【0.3】，在●【明暗度】文本框中输入【0.9】，在●【光泽度】文本框中输入【0.5】，如图 10-58 所示。

（9）设置完后单击【聚光源】属性管理器中的 ✓【确定】按钮，如图 10-59 所示。

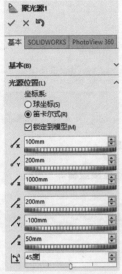

图 10-57　【基本】选项卡

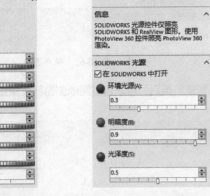

图 10-58　【SOLIDWORKS】选项卡

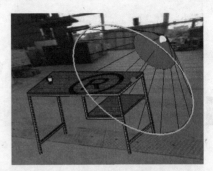

图 10-59　添加聚光源

10.6.6　输出渲染图片

（1）单击 ●【选项】按钮，弹出【PhotoView 360 选项】属性管理器，设置【输出图像大小】为【720×540(4:3)】，□【宽度】为【720】，□□【高度】为【540】，在【图像格式】下拉列表框中选择【JPEG】选项，设置【预览渲染品质】为【最大】，【最终渲染品质】为【最佳】，【灰度系】为【6】，勾选【光晕】选项，设定【光晕设定点】为【100】、【光晕范围】为【5】，勾选【轮廓 / 动画渲染】选项，在【轮廓 / 动画渲染】下拉列表框中选择【轮廓】选项，设置【线粗】为【2】、设置【编辑线色】为【绿色】、设置【焦散量】为【100000】、设置【焦散质量】为【32】，设置完成后单击【PhotoView 360 选项】属性管理器中的 ✓【确定】按钮完成设置，如图 10-60 所示。

（2）单击 ●【最终渲染】按钮，在完成所有设置后对图像进行预览，得到最终效果，如图 10-61 所示。

（3）在【最终渲染】窗口中选择【保存图像】命令，在弹出的【保存图像】对话框中设置【文件名】为【装配体渲染】，选择【保存类型】为【JPEG(*.JPG)】，其他设置保持默认，单击【保存】按钮，如图 10-62 所示，则渲染效果将保存成图像文件。

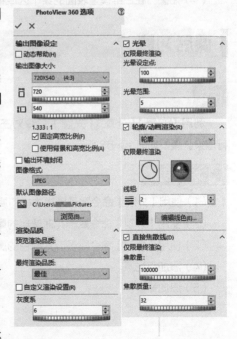

图 10-60　【PhotoView 360 选项】属性管理器

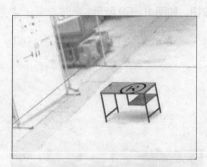

图 10-61　最终渲染图片

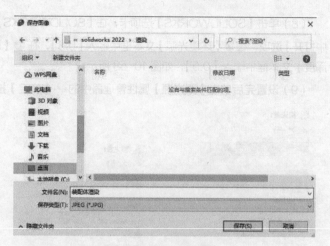

图 10-62　保存图像

（4）至此，模型渲染过程全部完成，得到图像结果后，可以通过图像浏览器直接查看。

本章小结

图片渲染的主要命令含义如下。

（1）布景：设置三维模型的背景图片。

（2）光源：设置照射模型的灯光参数。

（3）外观：设置三维模型的表面参数。

（4）贴图：在三维模型表面的某个区域粘贴一个图片。

课后习题

作业

利用【布景】【外观】【光源】命令对三维模型进行渲染。模型如图 10-63 所示。

💡 解题思路

（1）使用【外观】命令赋予底板木材的属性。

（2）使用【外观】命令赋予花瓶塑料的属性。

（3）使用【外观】命令赋予叶片绿色的属性。

（4）添加点光源。

（5）添加背景。

图 10-63　渲染视图